江西理工大学优秀博士论文文库

锌电积用铅基阳极

Lead-based Anodes for Zinc Electrowinning

钟晓聪 著

扫描二维码获取
本书彩图资源

北　京

冶　金　工　业　出　版　社

2021

内 容 提 要

本书主要介绍了锌电积过程电解液中氟、氯在无锰和含锰条件下对铅基阳极析氧行为和腐蚀行为的影响规律。在此基础上，进一步介绍了稀土合金元素的引入对铅-银阳极在含氟、氯电解体系中性能的影响。此外，本书还详细综述了铅合金微观结构对其性能的影响机制，系统分析了铅基阳极稳定性影响因素及提升路径。

本书可供从事铅阳极设计、开发、生产的工程技术人员、研究生、科研人员阅读，也可供从事有色金属电沉积的工程技术人员和生产管理人员参考。

图书在版编目（CIP）数据

锌电积用铅基阳极/钟晓聪著 .—北京：冶金工业出版社，2019.8（2021.4 重印）

ISBN 978-7-5024-8200-8

Ⅰ.①锌… Ⅱ.①钟… Ⅲ.①锌—电积法—铝基合金—阳极—研究 Ⅳ.①TG146.1

中国版本图书馆 CIP 数据核字（2019）第 168748 号

出 版 人 苏长永
地　　址 北京市东城区嵩祝院北巷39号　邮编　100009　电话　（010）64027926
网　　址 www.cnmip.com.cn　电子信箱 yjcbs@cnmip.com.cn
责任编辑 王 双 美术编辑 郑小利 版式设计 孙跃红
责任校对 石 静 责任印制 李玉山
ISBN 978-7-5024-8200-8
冶金工业出版社出版发行；各地新华书店经销；北京建宏印刷有限公司印刷
2019 年 8 月第 1 版，2021 年 4 月第 2 次印刷
169mm×239mm；8.75 印张；170 千字；131 页
49.00 元
冶金工业出版社　投稿电话　（010）64027932　投稿信箱　tougao@cnmip.com.cn
冶金工业出版社营销中心　电话　（010）64044283　传真　（010）64027893
冶金工业出版社天猫旗舰店　yjgycbs.tmall.com
（本书如有印装质量问题，本社营销中心负责退换）

前　言

随着锌资源品位下降，矿物成分日趋复杂，锌电积电解液氟、氯浓度逐步攀升。氟、氯对铅基阳极性能的不利影响逐渐凸显，引发行业广泛关注。在此背景下，国内外科研工作者开展了广泛的科学研究，加深了对铅基阳极在硫酸体系的电化学行为的认识，开发了具有不同结构、成分的新型铅基阳极。本书系统研究了电解液氟、氯对铅基阳极析氧行为和腐蚀行为的影响，基于氟、氯对铅基阳极性能的影响路径，总结归纳了提升铅基阳极服役稳定性的方法。本书的出版旨在让这些研究成果更系统地呈现给相关领域的科研人员和技术人员。

本书共7章。第1章综述了铅基合金阳极成膜过程、析氧反应、腐蚀行为的基础理论和新认识；第2章介绍了相关的实验方法和研究手段；第3、4章介绍了无锰硫酸体系氟、氯对铅基阳极析氧行为、腐蚀行为的影响；第5章介绍了含锰硫酸体系氟、氯对铅基阳极析氧行为、腐蚀行为、膜层性质的影响；第6章介绍了稀土合金元素对铅基阳极性能的影响；第7章综述了铅基阳极稳定性影响因素及提升路径。

本书的主要内容基于作者本人攻读博士学位期间的研究成果，在此，特别感谢李劼、赖延清、蒋良兴等教授的指导。同时，本书还介绍了作者在近几年取得的最新研究成果，这些成果的取得离不开江西理工大学绿色冶金与过程强化研究团队徐志峰教授的支持和帮助。本书所介绍的研究成果是在国家自然科学基金项目（51374240，

51704130）、江西理工大学博士启动基金（jxxjbs16026）、江西省双一流学科经费的支持下取得的，本书由江西理工大学优秀博士论文文库赞助出版，在此一并致以诚挚的感谢。

由于作者水平有限，书中不足之处，恳请广大读者予以指正。

钟晓聪

2019 年 4 月

目　　录

1　铅基阳极性能影响因素

1.1　概述

我国是金属锌的生产和消费大国。据中国有色金属工业协会数据，2014 年和 2015 年我国锌产量分别为 582 万吨和 615 万吨[1]。锌的冶炼工艺包括湿法和火法两种。其中湿法炼锌工艺具有资源综合利用率高、过程环保、对低品位矿适应性强的优点，相较火法炼锌工艺更具竞争力。因此，全世界金属锌的产量中有 85% 以上是采用湿法炼锌工艺生产的[2]。传统湿法炼锌工艺流程主要由精矿焙烧—浸出—净化—电解沉积—铸锭五个工序组成。其中，电解沉积是整个流程中最为关键的工序之一，不仅影响整个工艺的能耗，还影响阴极产品的质量。电解沉积过程中，电解液硫酸浓度可达 160g/L 左右，电流密度约为 $500A/m^2$。在该条件下，阴极上进行锌离子沉积，阳极上主要进行析氧反应。阳极需要保持惰性以免影响电解液的成分和阴极产品的质量。铅在高浓度硫酸、高电流密度的服役条件下具有较好的稳定性，因而广泛应用于锌、铜、锰、钴、镍等的湿法电沉积工序[3]。由于铅质软，因此通常以铅合金形式应用于湿法电沉积工业，其中 Pb-Ag（质量分数为 0.2%~1.0%）被称为锌电积用"标准阳极"[4~6]。

但是，Pb-Ag 阳极也存在以下缺点：（1）阳极过电位大，电积能耗高[5]；（2）合金元素 Ag 价格昂贵，阳极成本高；（3）机械强度不够理想，服役期间易弯曲蠕变，造成短路，降低电流效率[6]；（4）服役寿命不理想，合金基底腐蚀较为严重，不仅增加阳极的资金投入，溶解的 Pb^{2+} 还会污染阴极锌，降低产品质量[7]。针对上述问题，国内外学者做了大量的研究，以期获得低成本、低能耗、长寿命的铅合金阳极。

随着资源品位下降，矿物成分日趋复杂，锌系统氟、氯浓度逐步攀升。氟、氯对铅阳极性能的不利影响逐渐凸显，引发行业广泛关注。在寻求电解液除氟、氯工艺的同时，亟待认识清楚氟、氯对铅阳极性能的影响规律及内在机制，为铅阳极金相、成分、制备工艺的优化改进以及电解液中氟、氯浓度的调控提供理论指导，助推具有耐氟、氯特性的铅阳极的研发。除了优化铅阳极成分和结构，改善阳极对氟、氯耐受能力，锌冶炼工业往往通过提高电解液中 Mn^{2+} 浓度来改善阳极在含氟、氯电解液中的性能。本书旨在揭示氟、氯对铅阳极性能的影响规律和内在机制，探讨溶液中 Mn^{2+} 和合金元素 RE 对铅阳极在含氟、氯电解液中性能的影响，评判溶液中 Mn^{2+} 和合金元素 RE 是否可以改善铅阳极耐氟、氯性能，并

获得 Mn^{2+} 和 RE 对 Pb-Ag 阳极性能的影响机制，为开发耐氟、氯性能优良的铅合金阳极和电解工艺提供理论支撑。

1.2 铅阳极的基本化学反应过程

铅阳极板放入电解液中，在服役初期阳极表面会逐渐生成一层保护性氧化物膜。该膜层将阳极基底与电解液隔离，从而大大抑制基底的氧化腐蚀。服役过程中，铅阳极表面的反应主要是析氧反应。然而，在工业实践中，阳极在高浓度硫酸和高电流密度的环境下工作，氧化物膜呈珊瑚礁状，疏松多孔。在析氧反应产生的氧气气泡的冲刷下，膜层容易脱落，形成阳极泥。脱落区域的膜层会重新生长，逐渐修复。因而氧化膜始终处在生长—脱落—生长的循环中[8]。尽管这种自我修复可以确保氧化物膜覆盖，但是会导致基底的持续腐蚀。因此，在服役过程中，铅阳极的基本化学反应过程主要有成膜反应、析氧反应和基底的腐蚀反应。

1.2.1 成膜反应

铅在硫酸溶液中阳极氧化生成一层不溶的氧化膜，该膜层的物相组成取决于电位和通过的电量。在 $Pb/PbSO_4$ 平衡电位（-956mV，相对 Hg/Hg_2SO_4）和 $PbSO_4/PbO_2$ 平衡电位（+1400mV）之间，Lander[9] 发现了正四面体晶型氧化铅（tetra-PbO）的生成，它是由 Pb 和 PbO_2 通过固相反应生成的。Burbank[10] 提出了一个不同氧化电位下氧化膜层的结构模型。在高氧化电位下，Ruetschi 和 Cahan 等人发现 $\alpha\text{-}PbO_2$ 的存在及 $PbSO_4$ 可氧化转变成 $\beta\text{-}PbO_2$。随后，Ruetschi 和 Angstadt 将碱式硫酸铅引入氧化膜层中，如图 1-1 所示[11]。Pavlov 等人在前人的工作基础上，将 $Pb/PbSO_4$ 平衡电位和 $PbSO_4/PbO_2$ 平衡电位区间划分为 3 个阶段：（1）-950~-300mV 为硫酸铅区域，氧化膜主要由 $PbSO_4$ 晶体组成；（2）-300~+900mV 为一氧化铅区域，沉积物主要为 tetra-PbO、$PbSO_4$ 和少量的碱式硫酸铅；（3）+900mV 为二氧化铅区域，氧化膜层主要由两种晶型的 PbO_2（$\alpha\text{-}PbO_2$ 和 $\beta\text{-}PbO_2$）组成[12]。根据 D. Pavlov 的模型[13]，铅在硫酸溶液中，表面可快速形成 $PbSO_4$。$PbSO_4$ 结晶性较好，随着极化的进行，$PbSO_4$ 逐步覆盖铅表面。当 $PbSO_4$ 膜层厚度达到 10μm 左右时，膜层具有选择透过性。SO_4^{2-} 无法穿过膜层，只有 H^+、OH^- 等离子可以透过膜层。在电场的作用下，Pb 与 $PbSO_4$ 层之间呈碱性环境，$PbO \cdot PbO_n$（$1<n<2$）和 $PbO \cdot PbSO_4$ 开始生成。随着极化电位正移，PbO_n 等可以进一步氧化生成 $\alpha\text{-}PbO_2$，而在膜层/硫酸溶液界面上，$PbSO_4$ 被氧化生成 $\beta\text{-}PbO_2$。极化电位进一步升高，膜层表面 PbO_2 会与 H_2O 等形成凝胶状区域，作为析氧活性位点，析氧反应开始进行。

尽管这些模型是基于铅酸电池的背景提出的，但是铅阳极在硫酸体系中的反应基本相同。不同的是，铅阳极的服役方式是恒流极化，从服役一开始，就工作

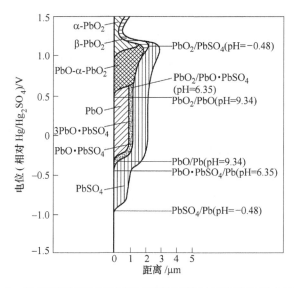

图 1-1 铅在硫酸溶液中不同电位下表面腐蚀层的物相组成示意图

（膜层是在 4.2mol/L H$_2$SO$_4$ 溶液中恒电位极化 24h 生成的）

在高极化电位区域，因此成膜过程与铅酸电池中铅负极硫酸化过程有些不同。在服役过程中，铅阳极表面形成氧化膜，其成分主要是 PbO$_2$、PbO$_n$、PbO·PbSO$_4$ 以及 PbSO$_4$。下面分别简述 PbSO$_4$、PbO/PbO$_n$ 和 PbO$_2$ 的生长机理。

（1）PbSO$_4$ 的生长机理。Lakeman 和 Harrison 等人[14]认为在低过电位区间 PbSO$_4$ 生长遵循"溶解-沉淀"机理，高过电位区间则遵循"固相形核-长大"机理。而 Hall 和 Wright（后来由 Vandla 进一步改善）则指出"溶解-沉淀"机理与"固相形核-长大"机理同时进行，形成具有双层结构的硫酸盐层，底层为多孔膜层，表层为大块晶体层，大块晶体是由"溶解-沉淀"机理生成的。Yamaguchi[15,16]将 AFM 与循环伏安技术联用，发现仅存在一个 PbSO$_4$ 层，PbSO$_4$ 的生成遵循"溶解-沉淀"机理，硫酸盐化是电化学形成的 PbSO$_4$ 经过化学重结晶导致的。K. W. Knehr 等人[14]进一步采用透过 X-ray 成像技术和石英晶体微天平技术分析了 PbSO$_4$ 的生长机理，开路电位下，PbSO$_4$ 在 Pb 表面形核长大，成膜初期遵循"溶解-沉淀"机理。恒流极化过程中，大尺寸的 PbSO$_4$ 生成，导致 Pb 表面钝化，这部分 PbSO$_4$ 稳定，很难被还原。

（2）PbO 及 PbO$_n$ 的生长机理。当铅阳极表面覆盖有一层致密的 PbSO$_4$ 层时，由于 PbSO$_4$ 层具有选择透过性，SO$_4^{2-}$ 无法进入膜层。Pb/PbSO$_4$ 界面存在氧空穴 O$_v^{2+}$。O$_v^{2+}$ 带正电荷，在电场的作用下向 PbSO$_4$/溶液界面扩散。作为电子接受体，O$_v^{2+}$ 在 PbSO$_4$/溶液界面与水反应，生成 H$^+$ 和 O^{2-}。O^{2-} 在电场作用下，与 O$_v^{2+}$ 迁移方向相反，向 Pb/PbSO$_4$ 界面扩散，攻击 Pb 基底，生成 PbO。PbO 是离子导体，导电性非常差。PbO 向 PbO_n 转变为固相反应，氧原子嵌入正四面体型 PbO 晶格形成 PbO_n。随着 n 值增大，PbO_n 导电性有所改善，当 $n = 1.4$ 时，PbO_n 具有电子导电性。PbO_n 作为一种半导体，其向 PbO_2 的转变可以通过能级结构来解释。$PbO_n/PbSO_4$ 界面上，吸附的 OH^-_{ads} 将电子注入到导带。OH^-_{ads} 氧化成 OH_{ads}，2 个 OH_{ads} 结合形成 O_{ads} 和 H_2O。O_{ads} 并入 PbO 晶格，形成 PbO_2[17,18]。

（3）$PbSO_4/PbO_2$ 的转变。当进入析氧电位区，析氧反应极化大，氧原子的复合缓慢。因此，$PbSO_4$ 溶液界面上有大量的吸附态 O_{ads}。PbO_2 的生长优先在 $PbSO_4$ 大晶粒周围进行，具体机理为：Pb^{2+} 从 $PbSO_4$ 晶格中溶出，Pb^{2+} 扩散到 PbO_2 表面，Pb^{2+} 在 PbO_2 表面失去电子，结合 2 个 O_{ads}，以 β-PbO_2 形式沉积。这种形式生长的 PbO_2 为无定型态[17]。

1.2.2　析氧反应

D. Pavlov[19] 在研究铅酸电池正极板充放电过程中发现，极板上 PbO_2 以两种形态存在，一种是结晶形态良好的 PbO_2，另一种是呈凝胶状的无定型态。在充放电过程中，溶液中的 OH^- 和 H_2O 向膜层内部扩散，与 PbO_2 晶体反应，生成无定型态的 $PbO(OH)_2$，后者又被称为氧化铅水合物[20]。$PbO(OH)_2$ 具有很高的电子和质子电导率。D. Pavlov 等人指出，析氧反应在 PbO_2 凝胶区/晶体区界面和 PbO_2 晶体区/溶液界面进行。析氧机理如式（1-1）~式（1-4）所示[21]：

$$Pb * O(OH)_2 \longrightarrow Pb * O(OH)^+ (OH) \cdot + e \tag{1-1}$$

$$Pb * O(OH)^+ (OH) \cdot + H_2O \longrightarrow Pb * O(OH)_2 \cdots (OH) \cdot + H^+ \tag{1-2}$$

$$Pb * O(OH)_2 \cdots (OH) \cdot \longrightarrow Pb * O(OH)_2 + O + H^+ + e \tag{1-3}$$

$$O + O \longrightarrow O_2 \tag{1-4}$$

其中上文提到的 $Pb * O(OH)_2$，是析氧反应活性位点。析氧反应过程中这些析氧活性位点上会吸附羟基自由基，形成中间产物 $Pb * O(OH)_2 \cdots (OH) \cdot$。该机理与大多数氧化物复合电极上的析氧反应机理是一致的，因此该机理可以进一步简化[22]：

$$S + H_2O \longrightarrow S \cdot OH_{ads} + H^+ + e \tag{1-5}$$

$$S \cdot OH_{ads} \longrightarrow S \cdot O_{ads} + H^+ + e \tag{1-6}$$

$$2S \cdot OH_{ads} \longrightarrow S \cdot O_{ads} + S + H_2O \tag{1-7}$$

$$S \cdot O_{ads} \longrightarrow S + 1/2O_2 \tag{1-8}$$

其中 S 表示电极表面活性位点。$S \cdot OH_{ads}$ 转化为 $S \cdot O_{ads}$ 有两种机制，即式（1-6）和式（1-7）。大量的研究报告表明，在硫酸体系中，铅阳极析氧反应的速率控制步骤是第一步，即活性中间产物 $Pb * O(OH)_2 \cdots (OH) \cdot$ 的生成[23,24]。

1.2.3 腐蚀反应

在服役初期，铅阳极板放入电解液中，H_2SO_4 与 Pb 发生反应，快速形成 $PbSO_4$ 层。事实上，$PbSO_4$ 层的生长就是通过 Pb 基底的腐蚀来实现的。服役一段时间后，阳极表面形成稳定氧化膜层。该膜层阻碍了硫酸溶液与基底的接触，从而大大抑制了基底的腐蚀。然而，基底的腐蚀仍然持续着。铅阳极的持续腐蚀主要归因于 4 个方面：第一，氧化膜层虽然相对稳定，但在成膜过程中，随着 $PbSO_4$ 向 PbO_2 转变，由于它们的摩尔体积不一样（$PbSO_4$ 为 $48cm^3/mol$，PbO_2 为 $25cm^3/mol$），成膜过程中膜层发生收缩，造成大量的孔洞[25]。增加基底与电解液接触概率，从而加速基底腐蚀。第二，服役过程中氧化膜层/电解液界面及膜层内空隙处进行析氧反应。生成的氧气气泡持续冲刷，导致膜层的脱落，破坏基底保护层，同样加剧阳极的腐蚀。第三，析氧反应产生的活性 O、O^- 和 OH^- 等会在浓度梯度和电场的作用下向 Pb 基底/膜层界面传输。与 Pb 反应生成 PbO，造成基底的氧化腐蚀[26]。此外，由于膜层内部 PbO、PbO_n 等的生成，膜层内部压力增加，会导致膜层开裂，同样会加剧基底的腐蚀[27]。第四，铅阳极密度大，在服役过程中需要承受自身重力。由于铅质软，抗蠕变强度不高。在恒定重力载荷下，铅阳极基底发生蠕变变形。由于基底和表面膜层的变形不同步，自然导致基底与膜层的结合变差，造成膜层开裂甚至脱落，导致基底的加速腐蚀。

在上述四个方面的作用下，铅阳极在服役过程中遭受到缓慢的持续腐蚀。国内锌冶炼工业报道的铅阳极寿命普遍不超过 2 年，而国外报道寿命可达 5 年左右。T. Matthew[28] 做了一个计算，年产 30 万吨锌厂需要配备 3 万块阳极，每块阳极成本大约为 300 美元。假设阳极使用 5 年后全部更换，阳极的成本大约为 180 万美元/年，折合人民币约 1100 万元/年。因此，研究铅阳极的腐蚀行为，开发耐蚀长寿命铅阳极具有重要的工业应用意义。

1.3 铅合金阳极性能影响因素

Ivanov[29] 总结认为，理想铅阳极必须具备 3 个特征：优良的导电性、高电催化活性和良好的稳定性。优良的导电性可以降低阳极欧姆压降，降低欧姆电耗；高电催化活性即高析氧活性，可降低阳极电位和槽电压，进而降低电积电耗；良好的稳定性主要指阳极（含膜层）稳定性好，阳极腐蚀速率低。M. Clancy[30] 进一步细化了评价阳极优劣的六个标准：（1）易加工性；（2）机械强度；（3）阴极产品质量；（4）阳极泥数量；（5）铅消耗量及其对环境的影响；（6）电化学/化学稳定性。

简单地说，锌电积工业对铅阳极最关注的性能为析氧活性（能耗）和耐腐蚀性能（成本、产品质量）。国内外研究人员在开发新型阳极及其配套工艺方面做了大量工作。这些研究表明,铅阳极性能的主要影响因素有合金元素、塑性加工、阳极结构、预处理工艺、电积工艺参数和电解液中杂质离子。每个影响因素对铅阳极性能的影响机制都有所差异,有些影响因素可以从多个方面影响铅阳极性能。下面分别阐述不同因素对阳极性能的影响及其影响机制。

1.3.1 合金元素

M. Petrova 等人[31]将铅阳极合金元素分为三类。第一类是结构修饰元素,如碱金属(Li、K)、碱土金属(Ca、Ba、Se)和银。这些元素可以有效修饰合金的金相结构。第二类为可与 Pb 形成固溶体或共晶组织的元素(如 Ti、Sn 和 Bi)。第三类为具有电催化作用的元素,如 Ag、Co 和 Pt。这些元素可以降低阳极电位。M. Clancy 在此基础上重新划分了合金元素,见表 1-1。下面主要介绍几种常见的铅合金元素及其对阳极性能的影响。

表 1-1 铅合金元素的分类[30]

种类	合金元素	分类原因
I	Ag, Co, Pt (Au, Cu, Ni 和 Fe)	具有电化学催化效应并减小 Pb 的阳极腐蚀
II	Tl, In, Sn, Bi, Sb, …	改变合金微观结构,进一步改善 PbO_2 膜层
III	主要为碱金属或稀土金属	影响取决于熔体的凝固过程,必须保持在较低的浓度才有效,高浓度更易导致腐蚀

(1)Ag。根据 FactSage 提供的 Pb-Ag 二元合金相图,Pb-Ag 的共晶点为0.5% Ag(摩尔分数,质量分数约为 1%,但 M. Petrova 等人[31]提到的共晶点为2.5% Ag(质量分数))。加入极少量的 Ag 就可以获得共晶组织。工业应用的Pb-Ag 属于亚共晶合金,主要的相有 α-Pb 固溶体相和由 α-Pb 固溶体/富 Ag 次生相交替排列构成的 Pb-Ag 共晶组织。富 Ag 次生相包围着 α-Pb 固溶体相。由于Ag 化学性质稳定,富 Ag 相不易发生氧化腐蚀,因此富 Ag 相可以有效地保护α-Pb 固溶体相,防止其快速腐蚀,因而可以大大改善铅的耐腐蚀性能[32]。

加入少量的 Ag 可以增加其机械强度和抗蠕变强度。Ag 促进 α-PbO_2 向 β-PbO_2 转变,使膜层导电性较好,有利于生成致密氧化层,降低基底腐蚀率[33]。Ag 容易在亚晶和晶界处偏聚,使晶界和枝晶界区域更耐腐蚀。Ag 可以降低 Pb在亚晶和晶界处的氧化。Ag 还可以 AgO 形式嵌入膜层,促进析氧反应。加入质量分数为 0.5%~1.0%的 Ag 可以减小 Pb-Ca-Sn 和 Pb-Sb 合金腐蚀速率[34,35],并降低阳极电位约 120mV[25]。尽管 Ag 的加入有不少优势,但考虑到经济成本,Ag的含量一般都较小[36]。

(2)Ca。作为硬化剂,Ca 的加入可以改善铅合金机械强度和抗蠕变强度。根据 Pb-Ca 相图,可以发现 Pb-Ca 合金中可以存在 Pb_3Ca、PbCa 和 $PbCa_2$ 三种金属间化合物。由于 Pb-Ca 合金中 Ca 的含量（质量分数）不会超过 5%，因此通常报道存在于 Pb-Ca 合金中的金属间化合物是 Pb_3Ca。Pb_3Ca 易偏聚在 α-Pb 固溶体的晶界处。此外，Pb-Ca 合金容易发生脱溶时效，100nm 左右的 Pb_3Ca 沉淀相会分散地析出在 α-Pb 固溶体中。Pb_3Ca 化学活性高，优先发生腐蚀。分散的 Pb_3Ca 沉淀相容易导致点蚀，而偏聚在晶界或枝晶区域的 Pb_3Ca 则容易造成晶间腐蚀，甚至导致晶界开裂[37]。因此，从耐腐蚀性能考虑，Ca 含量（质量分数）必须小于 0.08%，以减少 Pb_3Ca 金属间化合物的析出[38]。

Ca 可以使晶粒粗化。加入低于质量分数为 0.08%的 Ca 可以显著提高铅阳极的机械强度。Ca 的作用随着工作时间延长而慢慢变弱，这是因为在电解过程中，Ca 会被氧化溶解。Ca 会氧化生成 $CaSO_4$，分散一部分阳极电流，降低析氧反应的极化，从而降低电位。但 Ca 本质上并不起电催化作用。

（3）Sb。20 世纪前半叶铅酸行业使用的板栅主要是 Pb-Sb 合金[27]。Pb-Sb 合金的共晶点为 11.11% Sb（质量分数）。平衡结晶状态下为获得 Pb-Sb 共晶组织至少需要质量分数为 3.5%的 Sb。Pb-Sb 共晶组织的存在可以改善合金的机械强度和抗蠕变强度。Sb 还可以促进腐蚀膜层的形成。Pb-Sb 合金表面的膜层坚硬且致密，从而降低腐蚀速率[39]。但是，由于 Sb 电化学活性高，易氧化。氧化产物可以溶解在电解液中进而在阴极沉积，导致电池性能恶化。目前板栅材料朝着低 Sb 甚至无 Sb 的方向发展，如 Pb-Ca-Sn 合金板栅。非常有趣地是，Pb-Sb 合金在湿法电沉积工业的发展历程与其在铅酸行业的发展历程极其相似。由于 Pb-Sb 合金具有较好的高温稳定性，因此其被应用于电解温度较高的 Co 和 Ni 电沉积工业（分别为 65~75℃和 60℃）。由于 Pb-Sb 合金存在污染阴极产品的风险，在 Ni 电沉积行业 Pb-Sb 阳极慢慢地被 Pb-Ca-Sn 合金取代。但在 Co 电积工业，Pb-Sb 仍然被大范围的应用[30]。

Osório 和 Garcia 等人深入地研究了 Pb-Sb[40~44]合金次生相分布和尺寸对腐蚀行为的影响。图 1-2 给出了具有不同晶粒大小的 Pb-6.6%Sb 合金（质量分数）的金相照片。该合金属于亚共晶合金。合金主要由 α-Pb 固溶体相，富 Sb 枝晶区域和少量的共晶组成。图 1-2（a）所示的晶界密度明显比图 1-2（b）的大。由于晶界化学活性高，优先发生腐蚀。对于晶粒细小的合金，晶界密度大，容易导致快速地均匀腐蚀。腐蚀速率较粗大晶粒的合金大。而对于图 1-2（b），该合金枝晶界宽大，腐蚀易沿着枝晶界向合金内部延伸，并导致合金开裂失效。Osório 和 Garcia 等人得出结论，粗大的晶粒和细窄的枝晶界有利于提高铅基合金的耐腐蚀性能[44]。

（4）Sn。Pb-Sn 二元合金共晶点为 61.9%Sn（质量分数）。平衡结晶状态下为获得 Pb-Sn 共晶组织至少需要质量分数为 19%的 Sn。尽管 Pb-Sn 合金可以获得共晶组织，但在湿法电沉积用铅基合金中 Sn 的含量比较低，很少存在 Pb-Sn 共

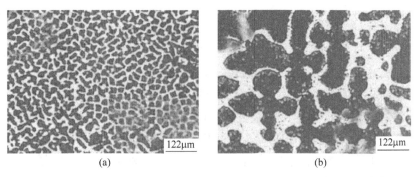

图1-2 Pb-6.6%Sb 合金（质量分数）典型的枝晶结构金相显微图[20]

（a）晶界间距 $\lambda_c \approx 35\mu m$；（b）$\lambda_c \approx 156\mu m$

晶组织。因此，很少有文献报道 Pb-Sn 共晶组织对铅基合金腐蚀行为的影响。对于 Pb-Sn 合金，在凝固结晶过程中，首先析出的是 α-Pb 固溶体初晶，等熔体完全凝固后，富 Sn 的次生相从 α-Pb 固溶体中析出。这些次生相优先从 α-Pb 固溶体的晶界处析出，其次是从晶粒内的缺陷处析出。在实际凝固过程中，由于各个方向温度梯度有差异，铅基合金多以树枝状形态长大。上述的次生相非常容易偏聚在枝晶界，使得枝晶界轮廓很明显。研究表明，枝臂间距和枝晶界粗细显著影响其腐蚀行为。富 Sb 和富 Sn 次生相偏聚在枝晶界区域，包围着 α-Pb 固溶体相，起着保护 α-Pb 固溶体的作用。枝臂间距越小，越有利于枝晶界包围 α-Pb 固溶体相，从而降低 α-Pb 固溶体的腐蚀。同时，枝臂间距越小，可以获得更细窄的枝晶界，进而抑制腐蚀沿着枝晶界快速向合金内部发展。因此，更小的枝臂间距和更细窄的枝晶界有利于提高铅基合金的耐腐蚀性能[43]。

    Sn 的加入可以降低阳极钝化程度，减少腐蚀。Sn 可以增加铅合金机械强度，并减小 PbO_2 钝化层厚度。在 Pb-Ca-Sn 合金中，Sn 抑制 $PbSO_4$ 的形成，促进更多的导电性良好的 PbO_2 生长[45,46]。Sn 改善 Pb-Sb 合金的铸造性能，促进微量元素的均匀分布，如 Ag、Co 等。

    Sn 比 Pb 更容易与 Ca 形成稳定的金属间化合物 Sn_3Ca，因此 Sn 的加入可以减小 Pb_3Ca 的不利影响。此外，在时效沉淀过程中生成的 Sn_3Ca 比 Pb_3Ca 的沉淀硬化效果更显著[37]。Felder 和 Prengaman[3] 指出为避免 Pb_3Ca 相的出现，Sn 的最低含量（质量分数）需要大于 1.25%，而 Ca 的含量（质量分数）需要低于 0.08%。Rashkov[47] 指出 Sn/Ca 比一般需要在 8∶1～15∶1 之间。值得注意的是，过高含量的 Sn 会导致 Pb-Ca-Sn 合金时效硬化速率大大降低，延长时效时间。

    （5）Co。Co 的加入可以大大降低阳极的能耗，因此受到研究者的广泛关注。理论上，Co 并不与 Pb 相溶，因此无法获得 Pb-Co 二元合金。因此，Co 一般先与 Sn、Sb 或 Bi 形成合金，然后再与 Pb 熔融浇铸成多元合金。此外，还有文献报道采用机械合金化和高温熔融快速冷却的方法制备 Pb-Co 合金。Co 的加入量很小，一般 0.005%~0.03% 的 Co 就可以对 Pb 合金造成较大的影响。Prengaman 等人[48]报道了 Pb-Ca-Sn 合金中加入 200mg/L Co 可以降低析氧电位 150mV。Alamdari 等人[49]研究发现 Pb 阳极表面溅射质量分数为 3%Co 可以降低阳极电位 90mV。Co 既可以加入到合金中，也可以作为阳极表面涂层。RSR 技术公司设计了 Pb-Ca-Sn-Co 压延阳极，Co 可以在阳极表面不断更新。尽管研究者对认为 Co 对阳极的有积极影响，但 Co 降低阳极电位的机制还不清楚。NiKoloski 和 Nicol 等人[50]认为可能是阳极表面 Co^{3+}/Co^{2+} 氧化还原电对对析氧反应起催化作用。

（6）RE。目前，很多文献报道了稀土元素对铅合金板栅性能的影响[51~55]。唐有根等人[56]指出 Pb/Ce 的电负性差与 Pb/Ca 电负性差相近，Ce 易与 Pb 生成类似 Pb_3Ca 的金属间化合物（Pb_xCe_y）。洪波、蒋良兴等人[57~60]研究了 Pr、Gd、Nd 和 Sm 四种稀土元素对锌电积用 Pb-Ag-RE 阳极的影响。稀土元素化学性质相近，大多可形成 Pb_xRE_y。高熔点金属间化合物的形成可以作为结晶核心，细化合金的晶粒，提高合金的机械强度。同时，Pb_xRE_y 活性高，利于阳极腐蚀成膜，从而提高 Pb-Ag 合金氧化物膜层的致密度和厚度，进而降低阳极的腐蚀。蒋良兴[59]设计了一种低 Ag 含量、低阳极电位、高耐腐蚀能力和高力学性能的 Pb-Ag-Nd 三元合金，合金成分（质量分数）为：Ag 0.6%、Nd 0.5%。该合金阳极的极限抗拉强度、稳定阳极电位和腐蚀速率分别为 20.985MPa、1.798V 和 2.347g/（$m^2 \cdot h$），分别是目前工业上广泛使用的 Pb-Ag（质量分数为 0.8%）阳极的 113.9%、99.7% 和 59.9%。

除了上述几种最常见的合金元素外，还有很多元素被尝试加入 Pb 合金中。M. Clancy[30]归纳总结了这些元素对 Pb 阳极的影响，见表 1-2。

表 1-2　不同合金元素对铅合金性能的影响

合金元素	对铅基合金性能的影响
Ce	Ce 的加入可以细化晶粒，改善 Pb-Ca-Sn 合金机械强度和耐腐蚀性能，同时抑制 Pb（Ⅱ）和 PbO_2 膜层的生长
Cr	Cr 的电导率比 Pb 高，但使铅的腐蚀速率增大
Cu	Pb-Sb（质量分数为 2%~5%）合金加入质量分数为 0.04% 的 Cu，可显著细化晶粒。由于 Cu 的加入导致 Cu_2Sb 化合物的生成，很难鉴定 Cu 的加入是细化晶粒还是简单地抑制晶粒长大
La	La 细化晶粒，降低腐蚀速率。La 降低 PbO_2 表面膜层的电阻率。但其抑制氧化膜生长，抑制析氧反应
Li	纯铅中 Li 的溶解度为 0.1%，Li 加入降低 Pb-Ca-Sn 合金的腐蚀速率，抑制表面膜层的生长
Mg	Mg 在 Pb 中的溶解度为 0.734%，Mg 增加 Pb 的氧化速率

合金元素	对铅基合金性能的影响
Mo	Mo 可以降低合金的腐蚀速率，但会使表面氧化膜呈不稳定的鳞片状
Na	纯铅中 Na 的溶解度为 1.588%，随着 Na 的含量增加，晶粒可以得到细化
Nb	Nb 可以使 Pb 合金获得良好的机械强度，但是导电性较差
Nd	0.03%Nd（质量分数）可以提高阳极机械强度，抑制 PbSO$_4$ 的生成，从而降低腐蚀。此外，Nd 也可以降低析氧过电位
Se	Se 是常用的晶粒细化剂。Se 同样可以增加 Pb-Ag（Ca/Se）合金的机械强度。但是值得注意的是，Se 的作用会随着时间延长而减弱
Sr	Sr 的加入不会大幅度增加阳极电位。Sr 可以减少氧化物的剥落，延长阳极的寿命，提高阴极产品纯度
Te	Te 可细化晶粒，改善铅合金的耐腐蚀性能
Ti	Ti 电导率约为 Pb 的 20%，而且大大增加 Pb 的腐蚀速率
Zr	Zr 在硫酸溶液中表现出优越的耐腐蚀性，因为 Zr 在电解液中可以形成自己的氧化层

　　M. Clancy 通过归纳总结各种合金元素对 Pb 合金性能的影响，提炼出了理想 Pb 阳极的合金元素应该具备的性质，如图 1-3 所示。（1）合金元素应该具有比 Pb 更好的导电性，这样可以降低阳极板的欧姆电阻，降低欧姆压降；（2）合金元素不会选择性在晶界处偏析，严重晶界偏析会造成晶界优先腐蚀开裂，导致阳极过早报废；（3）合金元素的加入可以降低析氧过电位，析氧过电位是锌电积能耗的重要影响因素，降低析氧过电位可以大大降低电积电耗；（4）合金元素在 H$_2$SO$_4$ 溶液中稳定，合金在硫酸中稳定

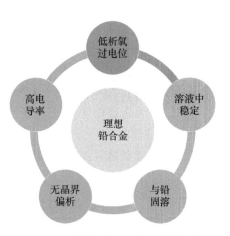

图 1-3　设计理想 Pb 合金成分时应该考虑的因素[30]

不仅仅可以使得合金对阳极有长久的积极影响，同时可以防止溶解的合金元素离子对阴极过程产生影响，降低阴极产品纯度；（5）在合金中可与其他成分"兼容"，这主要要求合金元素之间不会形成对阳极性能不利的组织或物相，如 Pb$_3$Ca 等。

　　晶界是化学活性区域，设计合金元素时必须研究其对晶界的影响。晶界上原子排列不规则，晶界结构较晶内结构松散，而且晶界上存在较多空位、位错等缺陷。因此，晶界能量高，化学活性高。大量的研究表明铅合金中晶界处活性高，更容易发生氧化腐蚀。晶粒越小，晶界密度越大，合金越容易发生腐

蚀[43,44,61,62]。因此，具有大晶粒的铅合金一般具有更好的耐腐蚀性能。值得注意的是，对于铅合金而言，大量的晶界快速腐蚀，有利于在合金阳极表面形成致密度高的钝化膜，反而可以抑制腐蚀。因此，有时细化晶粒对耐腐蚀性能也有积极的影响。晶界密度增加，促进钝化膜的形成，同时可以增强钝化膜层与基底的结合强度[63]。如李爱菊等人[64]发现稀土元素 La 可以细化晶粒，使晶界规整有序，促进晶界区域的氧化成膜，增强腐蚀层与基底的结合力，提高 Pb-Ca-Sn-Al 合金的耐腐蚀性能。

此外，溶质原子处在晶内的能量比处在晶界的能量要高，所以溶质原子有自发地向晶界偏聚的趋势，并导致晶界偏析。因此，晶粒尺寸影响晶界密度，进而通过晶界偏聚来影响合金的腐蚀行为。不同合金元素的晶界偏聚对铅合金腐蚀行为的影响是不一样的。这很大程度上取决于偏聚相的腐蚀难易程度。如 Ca 通常作为硬化剂加入铅合金中以提高其机械强度，其易偏聚在 α-Pb 固溶体晶界处[32]。Ca 属于碱土金属，化学活性比 Pb 高，因而 Ca 偏聚的区域优先发生腐蚀。腐蚀会沿着晶界向合金内部发展。晶界处的孔洞和腐蚀产物增大内部应力，进而导致晶界开裂，加速腐蚀[55]。相反，Ag 的偏聚相难以氧化，因而可以抑制晶界的腐蚀，起到保护 α-Pb 固溶体的作用。唐有根等人[56]报道了加入低含量的稀土元素 Ce 可使晶界变薄，降低晶界腐蚀，减少晶界裂痕。李党国等人[51]也发现稀土元素可以净化合金中的杂质，大大减少晶间腐蚀。

由于晶界的活性高，晶粒粗大、晶界密度小的微观结构有利于降低腐蚀。另外，还应尽量减少化学活性高的相在晶界处偏聚，减少晶间腐蚀。同时，也需要综合考虑晶粒尺寸对合金的机械强度和蠕变强度的影响。

M. Clancy 还指出，设计新的铅阳极首先考虑可以在铅中溶解的合金元素。在已有的文献报道中，仅仅有 14 种元素可以溶解在纯铅中。按照溶解度从大到小的顺序，它们依次是：Tl、In、Hg、Bi、Sn、Sb、Cd、Na、Sm、Mg、Au、Ga、Li 和 Ag。如果这些元素中具有改善铅合金阳极的性能，它们可以进一步作为潜在的合金宿主，来结合其他对合金电化学性能有积极影响的元素（这些元素无法直接与 Pb 形成固溶体）。因此，与 Pb 相溶不是决定元素是否可作为合金元素的关键因素，Co 就是一个很好的例子[30]。

1.3.2 塑性加工

塑性加工是常用的强化合金的方法。铅及铅合金的机械强度都不太理想，因此，可以通过塑性加工的方法来提高铅合金的机械强度。最简单的工艺就是压延（轧制）。大量的研究表明[31,47,65,66]，压延过程中，铸态组织被破坏，晶粒沿着压延方向呈梭形，晶粒细化，二次相偏聚、偏析程度大大降低。同时，压延过程可以减少铸造过程中形成的孔洞、裂缝等缺陷。除了提高阳极的机械强度，压延过程还对铅阳极的耐腐蚀性能有益。A. Felder[3] 指出，在压延过程中，阳极横截面呈现层状组织，可以有效抑制腐蚀沿着晶界向阳极内部发展，减少基底的腐蚀，如图 1-4 所示，具体机理分析见下文。

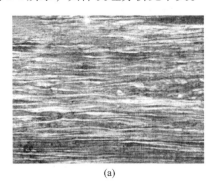 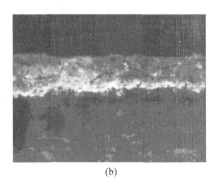

（a）　　　　　　　　　　　　（b）

图 1-4　压延 Pb-Ca-Sn 金相结构（a）与压延铅阳极板的截面腐蚀形貌（b）[3]

　　如上文所述，轧制（压延）过程可以破坏铸态组织结构，获得细小、均匀的晶粒。减小二次相的偏聚程度，同时减少裂缝、孔洞等缺陷。在锌电沉积工业中，压延阳极正逐渐取代浇铸阳极。轧制加工一般来说可以改善合金的机械性能和提高抗蠕变强度。但 Rashkov 等人[47] 发现轧制过程会导致 Pb-Sb 合金机械性能恶化。其认为，在铸态组织中，大量的共晶组织和沉淀相可以在晶界处起钉扎作用，阻碍位错迁移，使机械强度提高。而在轧制组织中，富 Sb 相呈弥散分布，这些二次相颗粒不足以有效地阻碍位错的迁移，因此机械强度有所恶化。Rashkov 等人[47] 还研究了 Pb-Ca-Sn 合金的轧制变形量对其合金机械强度和抗蠕变强度的影响。结果表明，变形率为 4 : 1 时，机械强度和蠕变强度达到最高值，随着变形率进一步增大，两者均慢慢降低。因此，需要严格控制变形率。

　　图 1-5 所示为浇铸和压延 Pb-Ag-Nd 合金金相显微图[8]。由图 1-5（a）可见，铸态组织晶粒细小，晶界密度高，且有明显的晶界偏聚和偏析的二次相。经过轧制，晶粒朝着轧制方向延伸，并被压扁变宽，呈细长梭形。压延面的晶界密度明显变小，如图 1-5（b）所示。晶界处的偏聚相被破坏，富 Ag 和富 Nd 等二次相呈离散分布，横截面呈层状（见图 1-5（c））。

　　图 1-6 所示为浇铸和压延 Pb-Ag-Nd 合金在硫酸中恒流极化（电流密度为 500A/m² ）72h 后基底的腐蚀形貌。由图 1-6 可知，浇铸合金的基底发生了明显的晶间腐蚀，腐蚀沿着晶界向合金内部发展。而对于压延阳极，由于在横截面上，压延阳极没有连续、完整的晶界和枝晶界网络，腐蚀只能一层一层地向内部发展，基底腐蚀均匀，大幅降低了腐蚀速率[8]。

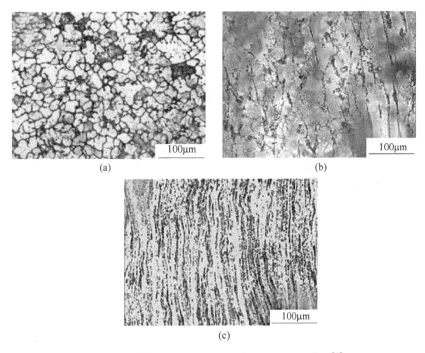

图 1-5　浇铸和压延 Pb-Ag-Nd 合金的金相显微图[8]

（a）浇铸合金；（b），（c）压延合金压延面和横截面

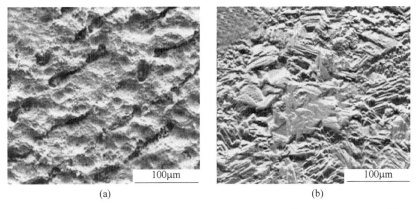

图 1-6　浇铸和压延 Pb-Ag-Nd 合金恒流极化（500A/m²）72h 后基底形貌[8]

（a）浇铸合金；（b）压延合金

1.3.3　阳极结构

近年来，研究人员先后开发了多种新型结构的铅阳极。其中最引人注目的当

属形稳阳极（DSA）、多孔铅阳极和夹层铅阳极。

1.3.3.1　形稳阳极 DSA

1957 年，Henry Beer 首次提出 DSA。经过多年的改进，钛基 DSA 在氯碱工业得到大范围的推广[68]。DSA 在氯碱工业的成功给采用酸性体系的有色金属电积工业和电镀工业带来了希望，研究人员尝试将 DSA 引入酸性溶液体系。如 P. Shrivastava 等人[69]研究了钛基 RuO_2-TiO_2 电极，发现阳极寿命受表面形貌和涂层损耗率影响（即 Ru 的氧化率）。Z. G. Ye 等人[70]研究了 Ti/IrO_2-MnO_2 析氧电极在 0.5mol/L 硫酸溶液中的腐蚀机理，结果表明涂层中的催化剂化学溶解不是电极失效的主要原因。析氧过程中，电极表面吸附的中间产物放电是电极失效的主要原因。Y. Feng 等人[71]研究了采用 Gd 掺杂的 Ti/Sb-SnO_2 电极用于电化学降解苯酚。研究结果显示电极/电解液界面的物相组成通过改变电极/电解液界面的活性区域和 O 扩散速率来决定电极的综合性能。S. Nijjer[72]指出酸性体系析氧活性最好的 DSA 为 Ti/IrO_2（摩尔分数为 70%）-Ta_2O_5（摩尔分数为 30%）阳极。Y. Li 等人[73,74]研究了 Pb/Pb-MnO_2 复合阳极在湿法冶金电沉积过程中的析氧行为和腐蚀行为。研究发现极化 72h 后，该电极阳极电位较工业用 Pb-Ag（质量分数为 1.0%）阳极低 100~150mV。电极的腐蚀速率很大程度上决定于 MnO_2 的含量。Y. Stefanov 等人[75]研究了锌电解沉积用 Pb/TiO_2 的性能，结果表明阳极反应的去极化是由于极化条件下表面积增大导致的。除了钛基、铅基 DSA 外，研究人员还相继开发了其他基底的 DSA，如昆明理工大学郭忠诚等人[76]提出的聚苯胺基 DSA。

DSA 阳极在硫酸体系的应用主要存在以下几个缺点：（1）涂层中贵金属用量大，阳极成本高；（2）涂层与基底的结合决定阳极的寿命，钛基底在酸性溶液容易钝化，导致涂层脱落，阳极寿命不理想；（3）在锌电积工业，电解液中往往有一定浓度的锰离子，服役过程中，阳极表面会形成一层厚厚的氧化膜层，该膜层将涂层与溶液隔离，使得涂层无法发挥其电催化效应。

1.3.3.2　多孔阳极

铅阳极表面的析氧反应属于异相电化学反应。反应面积对异相电化学反应速率影响巨大。受此启发，中南大学衷水平[77]、蒋良兴[59]制备了 Pb 多孔阳极。由于多孔结构大大增加 Pb 与电解液的接触，降低阳极真实电流密度，减小析氧反应的过电位。然而，多孔结构导致 Pb 阳极机械强度相比传统阳极板有所降低，服役过程中容易变形。在此基础上，蒋良兴等人进一步提出板框式多孔铅阳极、Pb 芯反三明治结构多孔阳极[78]和 Al 芯反三明治结构多孔阳极。由于实体金属内芯的引入，多孔阳极机械强度有了较大提高。然而，多孔阳极在锌电积工业中应用同样面临 DSA 所遇到的问题，也就是 MnO_2 大量沉积在阳极表面，阻塞阳极表面孔洞结构，使得多孔阳极的大比表面积效应慢慢消失。

1.3.3.3 夹层阳极

Pb 密度大，阳极装卸清理劳动强度大。同时，Pb 导电性较差，阳极欧姆压降大，造成电能损耗。而金属 Al 导电性优良，比强度高。因此，研究人员提出 Al 芯夹层阳极。Al 芯取代部分 Pb，不仅可以减轻阳极的质量，提高阳极的机械强度，还可以提高阳极的电导率。昆明理工大学郭忠诚教授课题组[79,80]和中南大学赖延清课题组[81]研究了多种 Al 芯夹层 Pb 阳极。这种夹层阳极可以降低阳极电位，提高阳极机械性能。但其存在制备流程长、工艺复杂等缺点。

1.3.4 预处理

铅阳极的预处理主要指的是针对阳极表面的处理，目的是为了减少阳极的腐蚀。调控阳极表面保护性 PbO_2 膜层对改善阳极在恶劣服役环境的性能非常重要[82]。加拿大锌电解公司（CEZ）开发了一项技术，在放入电解槽前将 Pb 阳极浸泡在 $KMnO_4$ 溶液一段时间，阳极表面可快速生成一层附着良好的玻璃态 MnO_2 膜层，该膜层有利于 PbO_2 的附着。R. D. Prengaman[83]发现，压延阳极板表面平整光滑，加上耐腐蚀性能有所改善，新压延阳极板放入溶液中需要更长的时间才能形成一层稳定的氧化膜层。因此，压延板在放入电解槽之前，最好进行预处理（如喷砂处理），以加速膜层的生长和改善膜层与基底的结合。CEZ 发明了一种喷砂工艺，即采用不同的介质对铅阳极表面进行喷砂处理。这样可以修饰表面组织，增大比表面积，改善膜层的附着，从而减少阳极基底的腐蚀。此外，P. Ramachandran 等人[84,85]详细研究了铅阳极在氟化物溶液中电化学预处理工艺。研究发现通过短暂的电化学预处理，可以帮助铅阳极在短暂的时间内生成结合牢固的 PbO_2 层。

1.3.5 电积工艺参数

电解液的密度随着溶液中锌、酸含量的增大而增大。电解液的电导率随着溶液中锌含量增加而减小，而随酸含量的升高而增大。电导率影响溶液压降，因此，锌和酸浓度会进一步对槽电压造成影响。然而，电解液中锌含量增大可以提高电流效率，硫酸含量的增加对电流效率不利。因此，确定电解液中酸锌的浓度时需要综合考虑他们对槽压和电流效率的影响。许春富等人[86]发现电解液中酸和锌的最优浓度分别为 134g/L 和 52g/L。

电解液温度也对阳极性能有较大的影响。A. Hrussanova 等人[87]研究了电解液温度对 Pb-Sb、Pb-Ca-Sn 和 Pb-Co$_3$O$_4$ 三种阳极性能的影响。尽管电解液温度升高可以提高电解液电导率，降低溶液电阻。然而，温度升高会加剧基底的腐蚀。A. Hrussanova 分析认为，这是因为温度升高，膜层的厚度增加。膜层厚度大，膜层内部的压力也大，从而导致膜层破裂剥落。电解温度高，膜层脱落的频次和速度均有所增加。

除了电解液温度，锌电积电流密度也对阳极行为有较大影响。电流密度增加，膜层表面析氧反应更加剧烈，氧气气泡对膜层的冲刷更为严重，不利于致密膜层的生成。因此，提高电流密度对阳极的腐蚀不利[88]。

剥锌工艺也对阳极造成比较大的影响。锌电积的周期一般为 24h。以前锌工业剥锌时整个电解槽是断电的。在断电情况下，氧化膜层直接与电解液接触，处于开路状态。膜层与电解液之间的反应和开路条件下充满电铅酸蓄电池正极板的自放电反应是一样的。PbO$_2$ 会与 H$_2$SO$_4$ 反应生成 PbSO$_4$，而基底 Pb 被氧化腐蚀[89,90]。剥锌作业结束恢复通电后，阳极需要重新氧化成膜[91]。因此，剥锌过程断电对阳极的腐蚀非常不利。目前，工业上一般采用阳极带电剥锌，即半槽剥锌。剥锌时，把阳极电流密度降低一些。X. Zhong 等人[92]研究了 Pb 合金阳极在脉冲电流极化条件下的性能。在剥锌过程中（低电流密度期），由于电流密度降低，阳极表面的析氧反应变慢，氧气冲刷强度减弱，有利于膜层的修复。因此，脉冲极化 72h 生成的膜层较恒流极化生成的膜层更致密、平整。

1.3.6　电解液杂质离子

锌的湿法冶炼流程中有一个电解液除杂工序。电解液中杂质离子的控制对电积工序影响重大。文献中报道的比较多的是杂质离子对阴极过程的影响，如 Co^{2+}[93,94]、Ge^{3+}[95]、Ni^{2+}[96,97]、Sb^{3+}[98~100]和骨胶[99]等。然而，关于杂质离子对铅阳极影响的报道则少得多。研究最成熟的是电解液中 Mn^{2+} 对阳极成膜和析氧反应的影响。此外，随着电解液中氟、氯的浓度不断攀升，人们也开始关注氟、氯对铅阳极的影响。这三种离子对阳极的影响会在后文进行详细介绍，在此不再展开。除了上述几种离子外，还有文献报道了 Ag$^+$[101]、Co^{2+}[102]及其他金属离子（如 Sb^{3+}、Mg^{2+}、Al^{3+}、Sb^{3+} 和 Sn^{2+}）对铅阳极性能的影响[103,104]。

Ag 作为合金元素可以降低铅阳极的析氧过电位和腐蚀速率，然而 Ag 改善铅合金性能的内在机制还不清晰。为此，J. J. McGinnity 等人[101]对比研究了 Ag 以合金元素形式和以电解液离子形式加入对 Pb 阳极的影响。结果表明，以溶液离子形式加入的 Ag 相比以合金元素形式引入的 Ag 对铅阳极的析氧活性更有利。J. J. McGinnity 等人[101]认为 Ag 提高阳极的电化学活性主要是因为 Ag 会以 Ag$_2$O$_2$

形式嵌入到 PbO_2 膜层中，对析氧反应起催化作用，从而降低析氧过电位。但是，溶液中 Ag^+ 对铅阳极基底的腐蚀速率影响甚微。

Co^{2+} 是锌电积电解液中的有害杂质，Co^{2+} 会在阴极析出，与阴极锌形成微电池，使得锌返溶，造成阴极烧板。因此，锌的湿法冶金流程设置了专门除钴的工序。然而，在 Cu 电积工业，Co^{2+} 对铅阳极有积极的影响。A. N. Nikoloski 等人[102]报道，添加 $50\sim200mg/L$ 的 Co^{2+} 可以降低阳极的腐蚀速率，降低析氧反应过电位，降低阴极铜的含铅量。

N. Chahmana 等人[103,104]分析了 Sn^{2+}、Sb^{3+}、Co^{2+}、Mg^{2+} 和 Al^{3+} 五种金属离子对铅酸电池正极活性材料 PbO_2 电化学性能的影响。实验结果表明，这些金属离子都会不同程度地嵌入到极板表面的凝胶区域。Mg^{2+} 和 Al^{3+} 离子嵌入活性材料内部，而 Sn^{2+}、Sb^{3+} 和 Co^{2+} 则并入 $\beta\text{-}PbO_2$ 晶格。Sn^{2+} 和 Sb^{3+} 可以促进凝胶区域 PbO_2 水合物的生成，改善凝胶区域的电子导电性，改善极板的容量和倍率性能。铅酸电池正极的结构与铅阳极表面结构相似，这些离子应该同样会影响铅阳极氧化膜层/电解液界面，影响析氧活性位点的数目和分布。

1.4 锰离子对铅阳极性能的影响

1.4.1 锰的来源

在锌冶炼工艺中，浸出阶段通常加入软锰矿（主要含 MnO_2），用于将浸出液中 Fe^{2+} 氧化成 Fe^{3+}，调节 pH 值至 $5.0\sim5.2$，使 Fe^{3+} 水解沉淀，达到除铁的目的。同时，MnO_2 被还原，以 Mn^{2+} 形式进入电解液。在电解过程中，Mn^{2+} 会在阳极表面氧化，形成氧化膜层。由于膜层疏松多孔，部分氧化膜在氧气的冲刷下脱落，形成阳极泥。因此，锌电解系统锰的主要来源是浸出除铁过程加入的软锰矿（或部分阳极泥），而锰的"开路"只有氧化膜和阳极泥。通常，为了在除铁工序中将 Fe 彻底除去，会加入过量的 MnO_2。而且，由于锌精矿中含铁量不稳定，MnO_2 的添加也会有所波动。因此，电解液中 Mn^{2+} 浓度通常在 $2\sim12g/L$ 之间。由于加入量多于"开路"流出量，Mn^{2+} 容易积累，浓度可达 $12g/L$ 以上[105]。

1.4.2 锰离子在电解过程中的行为

在锌电解体系，Mn^{2+} 不仅可以在阳极表面氧化，以 MnO_2 形式沉积在氧化膜层上，Mn^{2+} 还可以氧化生成可溶解的 Mn^{3+} 和 MnO_4^-。这些离子之间还会发生各种复杂的反应。因此，要研究 Mn^{2+} 对铅阳极的影响，首先需要了解 Mn^{2+} 在电解液中可能发生的反应。

1.4.2.1　锰在 H_2SO_4 溶液中参与的反应

图 1-7 所示为 Kelsall 等人[106]绘制的 $Mn-H_2O-H_2SO_4$ 系 E-pH 平衡图，在不同的 pH 值和电位条件下，Mn^{2+} 可以被氧化成更高价态的固体氧化物，如 Mn_3O_4、$MnOOH$ 和 MnO_2。在更高的电位下（或存在更强的氧化剂条件下），酸性溶液中可生成 Mn^{3+}，中性溶液生成 MnO_4^{2-}，以及在很宽的 pH 值范围内都能生成 MnO_4^-。

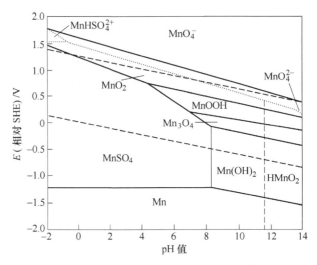

图 1-7　$Mn-H_2O-H_2SO_4$ 系 E-pH 图[112]

Mn^{2+} 氧化成 Mn^{3+} 的反应通常很复杂，因为除非在酸性非常大的溶液，Mn^{3+} 稳定性非常差，常常发生歧化反应，生成 MnO_2 和 Mn^{2+}[107]。

$$Mn^{2+} \rule[0.5ex]{2em}{0.4pt} Mn^{3+} + e \qquad (1-9)$$

$$2Mn^{3+} + 2H_2O \rule[0.5ex]{2em}{0.4pt} Mn^{2+} + MnO_2 + 4H^+ \qquad (1-10)$$

含 Mn^{3+} 溶液可以通过向含过量 Mn^{2+} 的强酸溶液中加入高锰酸盐获得，反应如下：

$$MnO_4^- + 4Mn^{2+} + 8H^+ \rule[0.5ex]{2em}{0.4pt} 5Mn^{3+} + 4H_2O \qquad (1-11)$$

当溶液中 Mn^{3+} 浓度比较高时，继续加入高锰酸盐，Mn^{3+} 可被进一步氧化成 Mn^{4+}。

$$MnO_4^- + 3Mn^{3+} + 8H^+ \rule[0.5ex]{2em}{0.4pt} 4Mn^{4+} + 4H_2O \qquad (1-12)$$

Mn^{4+} 在溶液中是不稳定的，会与水反应生成 $Mn(OH)_4$。然后 $Mn(OH)_4$ 快速地发生水解，生成固体 MnO_2。

$$Mn^{4+} + 4H_2O \longrightarrow Mn(OH)_4 + 4H^+ \qquad (1-13)$$

$$Mn(OH)_4 \longrightarrow MnO_2 + 2H_2O \qquad (1-14)$$

Mn^{3+} 的稳定性受溶液的 pH 值、Mn^{2+}/Mn^{3+} 浓度比和 SO_4^{2-} 对 Mn^{3+} 的络合能力

影响。Selim 和 Lingane[107,108]证明在 $4.6 \sim 5.2 \text{mol/L}$ H_2SO_4 溶液中，浓度比 Mn^{2+}/Mn^{3+} 大于 10 的条件下 Mn^{3+} 可以稳定存在，而 Kalra 和 Gosh[106]则证明在 4.5mol/L H_2SO_4 溶液中，浓度比 Mn^{2+}/Mn^{3+} 需要大于 25 以上才可以使 Mn^{3+} 稳定。事实上，MnO_4^- 离子也是不稳定的，它会缓慢地分解，生成 MnO_2 和析出 O_2。

$$4MnO_4^- + 4H^+ \longrightarrow 4MnO_2 + 3O_2 + 2H_2O \tag{1-15}$$

1.4.2.2 铅基阳极上 Mn^{2+} 的电化学氧化反应

PbO_2 被认为可以催化 Mn^{2+} 氧化生成 MnO_4^-，但是对 Mn^{2+} 氧化生成 Mn^{3+} 不具备催化作用[109]。C. Y. Cheng 等人[110]也认为没有证据显示在 PbO_2 电极上 Mn^{2+} 氧化过程中电解液中有 Mn^{4+} 生成。Kelsall 等人[108]发现，在 Pb/PbO_2 电极上（电流密度为 500A/m^2，电位为 1.8V 以上），会进行均相电子转移反应。

$$Mn^{2+} + 4H_2O \Longrightarrow MnO_4^- + 8H^+ + 5e \tag{1-16}$$

Yu 和 O'Keefe[111]认为 MnO_2 的生成是通过 Mn^{3+} 的歧化分解或者水解生成的。

$$2MnOH^{2+} \Longrightarrow Mn^{2+} + MnO_2 + 2H^+ \tag{1-17}$$

他们认为生成的 MnO_2 可以催化 Mn^{3+} 的歧化分解。MnO_2 不仅仅沉积在 PbO_2 表面，而且大量沉积在阳极附近的绝缘物体表面。他们认为 Mn^{3+} 可以通过 Mn^{2+} 的氧化获得。

$$2Mn^{2+} + PbO_2 + HSO_4^- + 3H^+ \longrightarrow 2Mn^{3+} + PbSO_4 + 2H_2O \tag{1-18}$$

在高 Mn^{2+} 浓度和低电极电位下有利于 Mn^{3+} 和 MnO_2 的生成，然而高电位下有利于 MnO_4^- 的生成。电解槽的壁上和底部均发现 MnO_2 的沉积，说明反应 $MnO_4^- + Mn^{2+} \rightarrow Mn^{3+}$ 可以在溶液体相中进行，随后进行 $Mn^{3+} \rightarrow MnO_2 + Mn^{2+}$。两个反应合并后总反应为：

$$3Mn^{2+} + 2MnO_4^- + 2H_2O \longrightarrow 5MnO_2 + 4H^+ \tag{1-19}$$

Comninellis 和 Petitpierre[112]报道了 Ag（Ⅰ）可以在硫酸溶液中有效的催化 Mn^{2+} 氧化成 MnO_4^-，当电位低于 1.945V，Ag（Ⅱ）可以作为中间产物，具体机理如下：

$$5Ag（Ⅰ） \Longrightarrow 5Ag（Ⅱ） + 5e \tag{1-20}$$

$$Mn^{2+} + 4H_2O + 5Ag（Ⅱ） \longrightarrow MnO_4^- + 5Ag（Ⅰ） + 8H^+ \tag{1-21}$$

当电位高于 1.945V，AgO 会在阳极沉积，MnO_4^- 生成的电流由于析氧反应而大大降低。

$$5Ag（Ⅰ） + 5H_2O \Longrightarrow 5AgO + 10H^+ + 5e \tag{1-22}$$

$$Mn^{2+} + 5H_2O + 5AgO \longrightarrow MnO_4^- + 5Ag（Ⅰ） + 10H^+ \tag{1-23}$$

1.4.2.3 Mn^{2+} 对成膜的影响

Mn^{2+} 在铅或铅合金阳极表面具有电化学活性，在 PbO_2 形成后，大规模析氧反应前，Mn^{2+} 发生氧化，并以 MnO_2 形式沉积。阳极上沉积的 MnO_2 和溶液中离子歧化反应生成的 MnO_2 均是 γ-MnO_2，是 MnO_2 和低氧化价态含 OH^- 离子和水的锰氧化物的固溶体。通常化学式可表示为 $MnO_n \cdot (2-n)H_2O$，其中，$n = 2$ 时为 MnO_2，$n = 1.5$ 时为 $MnOOH$。

Ipinza 等人[113]表征了 Pb-Ca-Sn 阳极表面形成的 MnO_2，发现 MnO_2 层呈现双层结构，外层是厚厚的非附着性的片层，内层较薄，相对较好的与阳极表面结合。他们认为 MnO_2 阳极泥是由以下物质组成：六方晶型 ε-MnO_2 是一层非附着型膜层，主要通过 PbO_2 表面氧化形成的，为无定型结构，与溶液接触时慢慢结晶长大；四方晶型 β-MnO_2 是通过在电极/电解液界面上化学沉积反应生成的，可能受到 PbO_2 活性位点的催化，沉积反应以 MnO_4^- 的生成开始。

Yu 和 O'Keefe[111]认为随着 MnO_2 层的形成和厚度的增加，膜层导电性降低，析氧活性降低。采用 SEM 和 EDS 检测发现在 MnO_2 和 PbO_2 层之间有一层惰性的 $PbSO_4$。因此，MnO_2 鳞片易脱落，并导致阳极铅的溶出。电解液中的 Pb^{2+} 可以与 MnO_2 阳极泥共沉淀，从而从电解液中移除。二氧化锰膜层厚度随着溶液中锰浓度的增加而增加。然而，二氧化锰膜层的保护效果并不随锰离子浓度增加而线性改善。

研究发现 Mn 的氧化沉积可以抑制 Pb 氧化成 PbO_2，进而有效地减少阳极鳞片状膜层的脱落。Yu 和 O'Keefe 通过连续循环伏安测试发现，含 Mn^{2+} 硫酸溶液中，Mn^{2+} 的存在减少电位正扫过程生成的膜层中 PbO_2 的含量，而且 Mn^{2+} 浓度越高，抑制程度越高。Yu 和 O'Keefe[111]认为 PbO_2 含量的减少，可能是由于 Mn^{2+} 减少 PbO_2 的生成，也可能是 PbO_2 可以与 Mn^{2+} 发生反应，即 $Pb^{2+} + MnO_2 = Mn^{2+} + PbO_2$，进而导致 PbO_2 含量大大减少。

M. Mohammadi[114]对比研究了 Pb-Ag 与 Pb-MnO_2 复合阳极两种电极在极化后负向电位扫描曲线。在含 Mn^{2+} 电解液中，PbO_2 的还原峰均变小。意味着 Mn^{2+} 的存在抑制了铅阳极表面 PbO_2 的生成。MnO_2 层可以通过封锁 PbO_2 生成反应的活性位点或增加反应物的扩散阻力来抑制 PbO_2 的生成。在极化初期，阳极表面生成多孔 $PbSO_4$ 膜层。$PbSO_4$ 的生长主要受 Pb^{2+} 和 SO_4^{2-} 的迁移控制。离子迁移穿过膜层主要受该膜层的性质影响，如致密度、孔径尺寸和厚度等。当膜层达到一定厚度，Pb^{2+} 由于离子半径小，其传质要比 SO_4^{2-} 快得多。为了保持膜层孔洞中溶液的电中性，溶液中阳离子需要传输到电解液主体，由于 H^+ 的传质系数明显大于 Pb^{2+}，因此，H^+ 往电解液主体扩散，导致膜层孔洞溶液 pH 值升高。pH 值升高，使得 $PbSO_4$ 膜层中有利于 α-PbO_2 的生成。PbO_2 的表面是 Pb^{2+} 氧化生成 PbO_2 的活性位点，膜层表面 $PbSO_4$ 溶解出来的 Pb^{2+} 扩散到这些区域，随后氧化生成 PbO_2。研究发现 MnO_2 只有在 PbO_2 形成后才能生成。即 MnO_2 优先在 PbO_2 区域表面生成。随着 MnO_2 覆盖 PbO_2 区域，PbO_2 的进一步生成需要 Pb^{2+} 扩散穿

过致密的 MnO_2，到达 PbO_2 表面进行氧化才能生成 PbO_2。因此，含 Mn 溶液中 PbO_2 的生成受到抑制。

此外，J. J. Lander[9]认为 PbO_2 层的生长是通过膜层中 $PbO_x(1.5 < x < 2)$ 与含氧物质反应实现的。这些含氧物质可以是析氧反应生成的 O 原子，也可以是氧离子（O^-，O^{2-}）。这些物质中 O 原子是扩散最快的，因为其尺寸最小。在无 Mn^{2+} 电解液中，析氧反应在氧化膜层表面的 PbO_2 区域进行[115]，含氧物质吸附在表面。这些物质扩散穿过 PbO_2，与 Pb^{2+} 或 PbO_x 反应生成 PbO_2。这个过程受含氧物质和 Pb^{2+} 在氧化膜层中的传输控制。在含 Mn^{2+} 电解液中，析氧反应在 MnO_2 层表面进行，含氧物质必须穿过 MnO_2 层才能参与反应。因此，MnO_2 层相当于额外的扩散障碍，抑制 PbO_2 的生成。

Yu 和 O'Keefe[111]研究了锌电解槽中服役过的 Pb-Ag 阳极的膜层形貌，发现 PbO_2 膜层表面的 MnO_2 层厚度可达 $600\mu m$ 以上。在铅基底与 PbO_2 之间有一层多孔的氧化物层，而且在 MnO_2 层与 PbO_2 层之间还有一层多孔的 $PbSO_4$-PbO_2 层。由图 1-8（a）可看出，MnO_2 层与 PbO_2 层有比较明显的间隙，这些间隙可能是在样品烘干过程形成的，尽管如此，还是可以推测在电解环境下 PbO_2 与 MnO_2 也呈层/层结构，结合强度不高。从图 1-8（b）也可以发现，部分 MnO_2 膜层嵌入 $PbSO_4$-PbO_2 膜层，这种镶嵌的结构可以提高局部结合强度。MnO_2 膜层的致密度明显高于 $PbSO_4$-PbO_2 层，$PbSO_4$-PbO_2 膜层横截面出现大量的孔洞。随着极化时间的延长，MnO_2 层厚度增加，膜层导电性变差，析氧反应活性变差，如果在 MnO_2 与 PbO_2 膜层之间生成惰性的 $PbSO_4$ 层，MnO_2 与内部膜层的结合将大大恶化。在周围氧气的冲击下，MnO_2 层极其容易剥落。

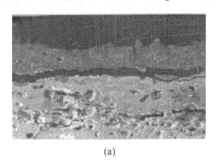 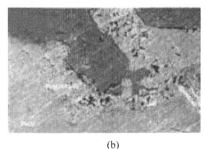

(a)　　　　　　　　　　　　　　(b)

图 1-8　锌电解槽使用过的 Pb-Ag 阳极横截面形貌图[111]
（a）整体形貌；（b）MnO_2 与铅氧化物界面

M. Mohammadi 等人[116]研究了 Pb-Ag 阳极在含 $0.5g/L$ Mn^{2+} 的硫酸溶液中恒流极化过程中形成的氧化膜的形貌。如图 1-9 所示，Pb-Ag 阳极表面的 MnO_2 膜层呈现为两层，与 $PbSO_4$-PbO_2 膜层接触的 MnO_2 膜层致密、平整，但结合不牢，在冲洗干燥过程易剥落。另一层生长在上述的 MnO_2 膜层表面，为较厚的多孔层状，由细小 MnO_2 颗粒堆叠而成。这些颗粒与下面的 MnO_2 结合力也不牢，容易脱落，进入电解液形成阳极泥。

图 1-9　Pb-Ag 阳极在含 3g/L Mn^{2+} 的 H_2SO_4 溶液中

恒流极化（50mA/cm^2）72h 后膜层形貌[116]

对于 Pb-MnO_2 复合阳极，电解液中 Mn 的加入，随着极化时间延长，电解过程生成的 MnO_2 层会覆盖原来氧化膜层中的 MnO_2 层，导致原始 MnO_2 的活性衰退，阳极电位相较 H_2SO_4 膜层均有不同程度的升高。从横截面（见图 1-10）可以发现，沉积的 MnO_2 可以嵌入不规则的阳极表面，像"锚"一样将 MnO_2 层钉牢在阳极表面，可以阻止膜层的脱落[117]。

图 1-10　Pb-MnO_2 复合阳极在含 3g/L Mn^{2+} 的 H_2SO_4 溶液中

极化 72h 后阳极的横截面形貌[117]

R. Jaimes 等人[118]研究了 Pb-Ag（质量分数为 0.5%）在含 2~12g/L Mn^{2+} 电解液中成膜行为，结果表明，即使在含低浓度 Mn^{2+} 溶液中，极化初始 10min 内，

阳极表面可生成 α-MnO$_2$，该物相可以促进 Mn^{2+} 的氧化，对析氧反应也具有催化效应。极化 1h 后，膜层厚度增加，催化效应消失，反而抑制析氧反应。随着 Mn^{2+} 浓度增加，膜层更易开裂，而且变脆。电解液容易渗入膜层的裂缝，在 Pb-Ag 表面形成 PbSO$_4$ 钝化层，使表面膜层与基底的电接触变差，进而导致膜层脱落。

1.4.2.4 Mn^{2+} 对析氧反应的影响

W. Zhang 等人[34]研究了锰离子浓度对 Pb-Ag（质量分数为 0.69%）-Zr（质量分数为 0.22%）析氧过电位和腐蚀的影响。当锰离子浓度为 4g/L、6g/L、8g/L 时，极化 5h 后，电极析氧过电位相当，分别为 693mV、691mV、689mV。当锰离子浓度进一步增加到 10g/L、12g/L 时，过电位明显增加，分别达到 713mV、728mV。W. Zhang 等还研究了电极在含 4~12g/L 锰离子 H$_2$SO$_4$ 溶液中恒流极化 5h 后的电位衰减过程中的腐蚀电流。研究发现，当锰离子从低浓度 4~8g/L 升高到高浓度 10~12g/L，腐蚀电流大大降低。

Yu 和 O'Keefe 等人[111]发现 Mn^{2+} 反应生成的多种物相取决于阳极界面的物理性质和电化学性质。总的来说，Mn^{2+} 离子的存在降低阳极极化，并减少 PbO$_2$ 的生成。EIS 结果表明 Mn^{2+} 的行为与电极电位有很大的关系。同时，Mn^{2+} 浓度是决定阳极反应和膜层物相的重要因素。低浓度（如小于 0.2g/L）锰离子可以降低阳极反应的极化，减小析氧反应的传荷阻抗。在高锰浓度溶液中，不同的阳极在不同的极化条件下，阳极行为差异性很大。合金成分、极化时间、工人的操作、阳极的预处理等因素都会影响 Mn^{2+} 的行为。

M. Mohammadi 等人[116]对比研究了 Pb-MnO$_2$ 和 Pb-Ag 阳极在不同锰浓度硫酸溶液中的电化学行为。研究发现（见图 1-11），对于 Pb-Ag 阳极，锰离子浓度为 0.5g/L、1.5g/L 时阳极电位较 H$_2$SO$_4$ 溶液中电位低约 40mV。当锰离子浓度达到

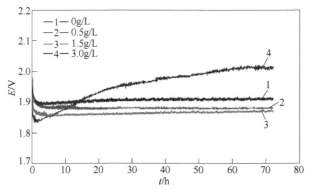

图 1-11 Pb-Ag 阳极在不同锰浓度硫酸溶液中极化
过程电位的变化（50mA/cm^2，37℃）[116]

3g/L 时，极化初始 2h，阳极电位低于 H_2SO_4 溶液。这可能是由于极化开始，阳极表面 Mn^{2+} 氧化，降低阳极极化所致。2h 后，阳极电位逐渐攀升。极化 72h 后，阳极电位相较硫酸溶液高 100mV。这是由于随着极化时间延长，阳极表面膜层厚度不断增加，由于 MnO_2 膜层导电性差，膜层欧姆压降增加，从而导致阳极电位不断攀升。

1.4.2.5　Mn^{2+} 的贫化

锰主要有两个去处，一是附着在阳极表面的 MnO_2 氧化膜层，二是沉降在电解槽底部的阳极泥。MnO_2 氧化膜层主要物相为 γ-MnO_2，是一种 MnO_2 和低氧化价态氧化锰的固溶体，化学式为 $MnO_n \cdot (2-n)H_2O$。阳极泥通常是氧化膜层中剥落的 MnO_2，与 MnO_2 一起剥落的 Pb 化合物（$PbSO_4$ 或者 PbO_2），还有部分与碳酸锶结合沉淀的 Pb^{2+}。MnO_2 的积累可能导致以下几个问题：一是阳极表面 MnO_2 膜层变厚，会增加阳极阴极接触短路的风险，颗粒状 MnO_2 会在阴极沉积，影响阴极锌的形貌；二是电解槽底阳极泥的积聚可能导致电解液液面上升，发生冒槽事故，腐蚀导电板等设备。

当新阳极放入电解槽时，表面会生成大量的 MnO_2 阳极泥。经过大概 1 个月时间，阳极泥的生成量大大减少，阳极表面形成一层稳定的、结合良好的 MnO_2 覆盖层[119]。采用 Pb-Ag 阳极时，电解液中 Mn 的消耗量大约为 $(4 \sim 8) \times 10^{-7}$ mol/$(s \cdot m^2)$。

研究发现 Pb-MnO_2 复合阳极较 Pb-Ag 阳极 Mn^{2+} 贫化速度更小。这是因为 Pb-MnO_2 复合电极表面的 MnO_2 颗粒可以催化 Mn^{2+} 在其上氧化生成 MnO_2。因此，Pb-MnO_2 复合阳极表面可以快速形成致密平整的 MnO_2 膜层。随后 PbO_2 层在 MnO_2 下面生长。Pb-Ag 阳极表面 MnO_2 只有在 PbO_2 生成后才能生成，溶液中生成大量 MnO_4^- 和 Mn^{3+}。研究发现，PbO_2 层可以催化 Mn^{2+} 氧化生成 MnO_4^-，MnO_4^- 在参与反应生成 Mn^{3+} 和 MnO_2 等。Pb-Ag 表面 MnO_2 层多孔洞和裂缝，裸露出 PbO_2 也会催化 Mn^{2+} 的氧化。极化一段时间后，Pb-Ag 阳极电解槽中溶液更红，而 Pb-MnO_2 阳极电解槽溶液为浅粉红色，说明该槽内 Mn^{3+} 浓度较 Pb-Ag 槽低。Pb-MnO_2 复合阳极由于可以形成均匀的 MnO_2 层，封锁 Mn^{2+} 氧化的活性位点，使得 Mn^{2+} 贫化速度降低。

1.5　氟、氯对铅阳极性能的影响

1.5.1　氟、氯的来源

在传统的湿法炼锌工艺中，精矿中 70% 的氟、氯在沸腾焙烧过程中以 HF 和 HCl 的形式进入烟气制酸系统，近 30% 的氟、氯随着焙砂和次氧化锌烟尘进入湿法系统。除此之外，氯的来源还有：（1）铅系统的烟化炉冶炼工艺得到的氧化锌烟尘，氯含量高。如水口山有色金属集团公司的氧化锌烟尘主要由布袋灰、管道灰组成，氯含量分别可达 0.13% 和 0.22%[120]；（2）湿法炼锌浸出渣经火法挥发产出的氧化锌烟尘，如云南云铜锌业股份有限公司采用回转窑挥发锌浸出渣得到的氧化锌烟尘，氯含量可达 0.25%[121]；（3）火法炼锌过程中产生的含锌烟尘，如葫芦岛锌厂火法冶炼系统中锌蒸馏过程产生的氧化锌烟尘，其氯含量高达 15.56%[121]。

氟的来源与氯的来源基本相同，除了锌精矿焙烧过程中炉料中 30% 的氟进入电解系统，铅系统氧化锌、回转炉氧化锌、铟萃余液和纳米氧化锌都可引入氟。尹荣花等人[123]报道了豫光锌业有限公司锌系统的各物料的含氟量，其中铅系统氧化锌含氟 0.45%，回转炉氧化锌含氟 0.046%，铟萃余液含氟 60mg/L。

据统计，每年有近 50% 的锌被用于生产镀锌钢板。这些钢板在报废后，大部分送电弧炉进行废钢回收。在火法处理废镀锌钢板时，由于锌熔点较低，绝大部分在炼钢过程以氧化锌和铁酸锌的形式进入电弧炉烟尘。电弧炉烟尘中一般含铁 30%~40%、锌 15%~25%，此外含铅 2%~5%、氯 1%~5%[124]。预计我国再生锌占全部锌产量的 11%，其中大部分再生锌来自于镀锌钢板回收过程产生的电弧炉烟尘[125]。尽管目前电弧炉烟尘回收处理主要采用威尔兹（Waelz）工艺（即回转窑的氯化挥发法），电弧炉烟尘湿法处理工艺由于可以直接并入现行工艺，无需新增车间、设备，具有良好的应用前景。如果这些二次锌资源并入传统浸出—净化—电积工艺，电解液中的氟、氯将进一步攀升，严重影响生产。

随着氧压、常压直接浸出技术的成熟和推广，未来将有越来越多的锌冶炼公司采用全湿法炼锌工艺。在全湿法炼锌工艺中，由于取消了焙烧工序，炉料中的氟、氯全部进入浸出、净化和电解工序，将导致系统中的氟氯含量猛增。

基于上面的分析，锌冶炼电解液系统中的氟、氯浓度将进一步攀升，锌冶炼行业亟需研究相应对策，以保证正常生产和行业的可持续发展。同时，研究氟、氯元素对铅阳极性能的影响，认识氟、氯对铅阳极性能影响规律和内在机制，有助于新型耐氟、氯铅阳极的开发和设计。

1.5.2 氟在电解过程中的行为

铅阳极在服役初始阶段，PbO_2 膜层与阳极表面结合不好，在氧气的冲刷下频繁地脱落，生成阳极泥。部分阳极泥以细小颗粒悬浮在电解液中，扩散到阴极区，嵌入到阴极产品中，降低阴极产品的纯度和质量。服役 3~6 个月后，阳极表面的膜层变硬、致密度增加、与基底结合牢，进入稳定期。阴极产品含铅量也大大降低。

为了提高服役初期阳极表面形成的 PbO_2 膜层的质量，大量的科研工作者尝试通过预处理使铅阳极在服役初期快速形成一层致密、结合牢固的膜层。1973年，A. I. Zhurin 等人[84]指出，硫酸锌电解液中添加 170mg/L 的氟化物后可以增加 Pb-Ag 阳极的耐腐蚀性能。预处理工艺一般在电解池中进行，电解液为氟化物溶液或者氟化物-硫酸溶液。据报道，Pb-Ag 阳极在含 20~60g/L 氟化物溶液中恒流预处理（电流密度为 3.7~5.1A/m²）后，阴极产品中 Pb 含量降低，阳极性能有所改善。

P. Ramachandran[84]研究了 Pb-Ag（质量分数为 1%）在不同浓度氟化钠溶液中的阳极极化曲线，发现低浓度氟化物可以有效钝化 Pb-Ag 合金表面，形成致密的钝化膜，减缓阳极溶解。然而，也不同程度地增大了析氧反应过电位。

在长时间服役过程中，预处理过程改善铅阳极耐腐蚀性能的原因是服役过程中，Pb 基底与 PbO_2 膜层之间形成一层 PbF_2 层。而且，相对未预处理阳极，该 PbO_2 膜层更硬更致密。Newnham 等人[4]研究了氟化物预处理对 Pb-Ag（质量分数为 0.8%）阳极腐蚀率的影响。Pb-Ag 在 40g/L NaF 和 5g/L H_2SO_4 的溶液（温度为 50℃，电流密度为 500A/m²）预处理 2h。随后在 1.8mol/L H_2SO_4（温度为 50℃，电流密度为 5000A/m²）中进行腐蚀试验。结果表明，在无锰电解液中，预处理过的阳极腐蚀速率远高于未预处理过的阳极。然而，在含锰电解液中，预处理过的阳极的腐蚀速率显著低于未预处理过的阳极。含锰电解液中，预处理过的阳极 PbO_2 膜层表面可形成一层非常致密、完整的 MnO_2 膜层，从而显著降低阳极的腐蚀速率。

P. Ramachandran 等人[85]进一步研究了 Pb 阳极在氟化物溶液中的钝化行为。氟离子具有高表面活性，在阳极极化条件下，可吸附在电极表面，腐蚀 Pb 基底，形成一层均匀的 PbF_2 层，PbF_2 随后氧化成 PbO_2。

$$Pb + 2F^- \longrightarrow PbF_2 + 2e \qquad (1-24)$$

$$PbF_2 + 2H_2O \longrightarrow PbO_2 + 4H^+ + 2F^- + 2e \qquad (1-25)$$

PbF_2 层起着连接 PbO_2 层和 Pb 基底的作用，有效促进 PbO_2 生长成致密的膜层。$PbSO_4$ 的溶解度约为 PbF_2 的 6.6%。$PbSO_4$ 向 PbO_2 转变过程体积上有 48% 的收缩，导致膜层有许多孔洞，加速 O 的扩散，进而导致基底的进一步腐蚀，减弱已生成的膜层与基底的结合，使得膜层稳定性差，附着性差。氟化物电解液中形成厚的 PbF_2 膜层，随后转化成大量的 PbO_2，保护 Pb 基底。该方法生成的膜层与基底结合非常牢固，只有用砂轮打磨才能除去。

Jurin 等人[126]发现，在 1.5mol/L H_2SO_4 中加入 50~100mg/L F^-，Pb 阳极极化过程中，Pb 的腐蚀及阴极锌中的 Pb 含量均有所降低。其认为这主要是由于在含氟溶液中，阳极表面生成一层致密的保护性 PbO_2 膜层。Jaksic 和 Rajkovic 等人[127]指出，在含 F^- 的硫酸溶液中，阳极极化生成的薄 PbF_2 层可以促进绝缘 $PbSO_4$ 层转变成具有保护性的 β-PbO_2，而抑制 α-PbO_2 的生长。此外，在含锰电解液中，还可以生成玻璃态的 MnO_2，形成 MnO_2-β-PbO_2 保护膜，使阳极寿命由 2 年延长到 6~10 年。此外，还可以抑制过多的 MnO_2 的生成，减少 Mn 的贫化。

R. Amadelli 等人[128]研究了 F^- 修饰二氧化铅电极表面的析氧和析臭氧的行为。PbO_2 膜层是通过在 1mol/L $HClO_4$ + 0.02mol/L Pb（Ⅱ）溶液中恒压极化（1.75V）30min 获得的。电解液中添加 0.01~0.04mol/L NaF 可以获得 F-PbO_2。研究表明，F^- 修饰的 PbO_2 析氧过电位增加，而析臭氧的电流效率有所提高。EIS 分析表明，F^- 修饰 PbO_2 表面析氧中间产物吸附阻抗增大，不利于中间产物的形成，导致析氧活性变差。

J. Cao 等人[21]进一步研究了 F^- 掺杂对 PbO_2 膜层析氧活性的影响。F^- 可以取代 PbO_2 膜中凝胶区域的 OH^- 位点和结晶区的 O_2^-。F^- 减少活性含氧物质的覆盖，抑制析氧反应进行。凝胶区的 F^- 拖拽自由氧原子从凝胶区扩散到晶体区，降低了 PbO_2 的活性。随着极化时间延长，PbO_2 膜电极和 F-PbO_2 膜电极的析氧活性都有所下降，这与膜层的电子导电性有关。极化时间延长，膜层中氧空穴的浓度减少，进而导致膜层的电子电导率降低。

已有文献报道关于氟离子对铅阳极性能的影响的认识主要基于阳极预处理背景，预处理过程与实际电积过程的工艺参数（电流密度、氟离子浓度、硫酸浓度、电解时间等）相差很大。两种条件下氟离子对阳极性能的影响差异大。因此，有必要研究 Pb 阳极在含氟硫酸溶液电积过程中行为，认识清楚氟对阳极成膜、析氧和腐蚀行为的影响规律及内在机制。

1.5.3 氯在电解过程中的行为

J. A. Fraunhofer 等人[129]研究了 Pb 及 Pb 合金在 NaCl 溶液中的电化学行为。在稀 NaCl 溶液中，施加阳极电流，Pb 会溶出，Pb^{2+} 与 Cl^- 结合，形成 $PbCl_2$ 沉淀。随着电流密度增加和 NaCl 浓度增加，电极/电解液界面 $PbCl_2$ 过饱和，$PbCl_2$ 会沉积在 Pb 表面，形成多孔膜层。$PbCl_2$ 膜层导电性差，电阻率约为 40~50Ω·cm。

$$PbCl_2 + 2e \Longrightarrow Pb + 2Cl^- \qquad E^\ominus = -0.513V(vs. SCE) \qquad (1-26)$$

在高电流密度下，Cl^- 浓度贫化，电极上可能发生其他反应，主要是铅氧化物的生成。这些铅氧化物嵌入 $PbCl_2$ 膜层。极化电位进一步升高，$PbCl_2$/电解液界面会进一步生成 PbO_2，还可能伴随析氧反应和氯气的析出。

Ivanov[36]指出，工业硫酸电解液中通常含有 Cl^-。普遍认为 Cl^- 的存在会加速阳极的腐蚀。含氯化合物的生成会导致阳极表面膜层的脱落。在含 500mg/L Cl^- 的 1mol/L H_2SO_4 溶液中，Pb-Ag、Pb-Ag-Tl、Pb-Ag-Se、Pb-Ag-As 等阳极腐蚀均加速。在含 100mg/L Cl^- 的硫酸电解液中，Pb-Ag 电极腐蚀速率与纯硫酸溶液的相当，但对于纯 Pb 电极，在该电解液中腐蚀则很严重。然而 L. Cifuentes 等人[90]

却报道了完全相反的结果，他们发现添加 10mg/L 的 Cl^- 可以减少 Pb 电极 40% 的失重。Cl^- 浓度增加到 20~100mg/L 时，Pb 电极的失重减少 25%~35%。尽管没有关于 Cl^- 对于 Pb 阳极完整性的影响的报道，其认为 Cl_2 的析出可以增强 PbO_2 膜层的稳定性。Kiryakov 等人[28]也报道了类似的结果，在 167h 恒流极化测试中，Cl^- 浓度对纯 Pb 电极的影响非常大（在含 100g/L Cl^- 溶液中失重达 $3300g/m^2$，而在无 Cl^- 溶液中失重为 $800g/m^2$）。而对于 Pb-Ag 阳极，100mg/L Cl^- 溶液中阳极的失重（$190g/m^2$）小于纯硫酸溶液中阳极的失重（$200g/m^2$，幅度非常小，不排除实验误差导致），Cl^- 浓度增加到 500mg/L 时，失重达 $500g/m^2$ 左右。

Kelsall[114]指出 MnO_2 的沉积可以阻碍 Cl^- 的扩散，从而抑制 Cl_2 的析出。而且 Mn^{2+} 可以捕获溶液中生成的氯，可以改善电解劳动环境。工业上通常将净化电解液中 c_{Mn}/c_{Cl} 比值控制在 6 以上。

$$Mn^{2+} + 1/2Cl_2 \longrightarrow Mn^{3+} + Cl^- \tag{1-27}$$

$$Mn^{2+} + Cl_2 + 2H_2O \longrightarrow MnO_2 + 4H^+ + 2Cl^- \tag{1-28}$$

F. Mohammadi[130]研究了 Pb-Ca 和 Pb-Ag 两种阳极在无 Cl^- 电解液和含 Cl^- 电解液中的电化学行为。在无 Cl^- 电解液中，H_2SO_4 浓度从 30g/L 增加到 40g/L，析氧过电位增加。而添加 400mg/L Cl^- 后，析氧过电位基本不变。其分析这可能是由于 Cl_2 析出，承担了部分阳极反应（OER 和氧化物形成）电流，减少析氧过电位。Cl^- 浓度增加到 600~800mg/L 后，H_2SO_4 浓度由 30g/L 增加到 40g/L，阳极过电位反而显著降低。XRD 测试发现，Cl^- 的加入，Pb-Ag 阳极表面膜层的 XRD 图谱中，$PbSO_4$ 和 PbO_2 特征峰峰高均减小，说明膜层中 $PbSO_4$ 和 PbO_2 含量均减小。对于 Pb-Ca 阳极，在无 Cl^- 和含 Cl^- 电解液中阳极膜均为多孔状，然而，Cl^- 的加入，阳极表面的沉积物呈立方体状，而且尺寸较大。含 Cl^- 电解液中膜层也更光滑。对于 Pb-Ag 浇铸阳极，Cl^- 的加入膜层孔洞更多。在结论部分，F. Mohammadi 等人[130]总结，Cl^- 的加入可以改善 Pb-Ca、浇铸 Pb-Ag 和压延 Pb-Ag 三种阳极的耐腐蚀性能，尽管其增加氧化膜层的孔洞和使得氧化膜层不连续。

Ivanov[126]指出电解液中 Cl^- 的存在可以显著地降低 Pb 及其合金的阳极电位。对于含 Ag 的耐腐蚀性能较好的阳极，Cl^- 的去极化效应更不明显，而对于耐腐蚀性能不好的纯 Pb 及 Pb-Au 合金，Cl^- 离子的去极化效应明显。其认为 Cl^- 可以与阳极中的 Ag 生成 $AgCl_2$，$AgCl_2$ 覆盖氧化膜层，提高耐腐蚀性能。然而，Hampson 则报道了 Cl^- 会降低氧化膜中 SO_4^{2-} 的稳定性，使氧化膜的质量变差，并抑制钝化过程，减小析氧区的斜率和析氧反应电位。M. Tunnicliffe[25]总结认为 Cl^- 对铅阳极有害还是有利尚无定论。

尽管许多文献报道了氯离子对铅阳极的影响，但这些报道大多简单地报道不同铅合金阳极在含氯硫酸溶液中的阳极电位和腐蚀速率，没有系统分析氯离子对阳极成膜、析氧和腐蚀的影响机制。而且，这些报道得出的结论不一，氯对铅阳极性能的影响，尤其是对腐蚀速率的影响尚无定论。因此，有必要详细研究不同浓度氯离子对 Pb-Ag 阳极氧化膜层性质、腐蚀行为和析氧行为的影响，获得氯对 Pb-Ag 阳极性能的影响规律和内在机制。

1.6 杂质离子与合金元素对铅阳极性能的影响途径

上文综述了各种因素对铅阳极氧化膜层性质、析氧反应活性和基底腐蚀行为的影响。可以发现，有些因素可能只对其中一种性能有影响，而有些因素可能对三种性能均有影响。此外，铅阳极的氧化膜层、析氧反应和腐蚀反应之间也可能相互影响。由此可见，这些因素对铅阳极的影响机制非常复杂。图 1-12 总结归纳了合金元素和杂质离子对铅阳极性能的可能的影响途径。每种影响途径均用大写英文字母加以区分，下面分别简要介绍各种影响途径。

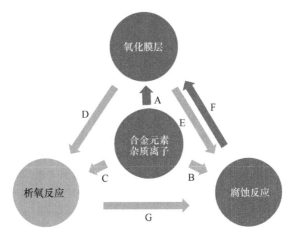

图 1-12　合金元素（杂质离子）对铅阳极各性能可能的影响途径

A——合金元素可能阳极氧化，生成的氧化物嵌入氧化膜层，对膜层的物相和结构产生影响；杂质离子也可能直接参与成膜反应，影响膜层物相、表面形貌以及膜层的稳定性等。

B——合金元素通过改变合金基底的相的种类和相的分布，调控基底的金相组织，进而影响基底的优先腐蚀区域的密度和分布；在极化初期，杂质离子可能直接参与基底的腐蚀反应，而且有些杂质离子可能透过稳定的氧化膜层传输到基底/膜层界面，加剧基底的腐蚀。

C——合金元素可能氧化溶出，并以沉积物形式嵌入膜层表面和内部，影响析氧活性位点的数量和分布，进而影响析氧反应活性；杂质离子可能在氧化膜层/电解液界面吸附，影响析氧中间产物的生成，进而影响析氧反应。

D——氧化膜层的表面积、表面的物相组成、膜层的结构（厚度、孔隙度）和膜层的导电性均会影响析氧反应的速率。

E——氧化膜层的致密度、孔隙率以及膜层与基底的结合强度影响合金基底的腐蚀速率。

F——氧化膜层是通过基底的腐蚀反应形成的。基底腐蚀的特性影响膜层的结构和膜层与基底的结合强度。此外，随着基底腐蚀，腐蚀产物导致膜层内部压力增大，从而导致膜层开裂，影响膜层的整体性。

G——析氧反应生成的 O_{ads} 等含氧物质会在膜层中扩散，传输至 Pb/氧化膜层界面，导致 Pb 基底的氧化腐蚀。

综上分析，合金元素和杂质离子对析氧反应的影响途径可能有 C、A—D 和 B—F—D。合金元素和杂质离子对腐蚀反应的影响途径可能有 B、A—E 和 A—D—G。因此，在研究合金元素和杂质离子对铅阳极性能的影响时，必须厘清这些因素在各个影响途径中所扮演的角色。只有这样，才能深刻认识它们对铅阳极性能的影响机制，才能有针对性地优化和改进铅阳极。

参 考 文 献

[1] 中国有色金属工业协会. 2015 年我国有色金属工业生产基本平稳 [EB/OL]. http：//www. chinania. org. cn/html/hangyetongji/tongji/2016/0223/23372. html，2016-02-03.

[2] Yang H T, Guo Z C, Chen B M, et al. Electrochemical behavior of rolled Pb-0. 8% Ag anodes in an acidic zinc sulfate electrolyte solution containing Cl⁻ ions [J]. Hydrometallurgy, 2014, 147：148~156.

[3] Felder A, Prengaman R D. Lead alloys for permanent anodes in the nonferrous metals industry [J]. JOM, 2006, 58 (10)：28~31.

[4] Newnham R H. Corrosion rates of lead based anodes for zinc electrowinning at high current densities [J]. Journal of Applied Electrochemistry, 1992, 22 (2)：116~124.

[5] Lai Y, Jiang L, Li J, et al. A novel porous Pb-Ag anode for energy-saving in zinc electro-winning：Part Ⅰ：Laboratory preparation and properties [J]. Hydrometallurgy, 2010, 102 (1)：73~80.

[6] Čekerevac M I, Romhanji E, Cvijović Z, et al. The influence of tin and silver as microstructure modifiers on the corrosion rate of Pb-Ca alloys in sulfuric acid solutions [J]. Materials and Corrosion, 2010, 61 (1)：51~57.

[7] Dobrev T, Valchanova I, Stefanov Y, et al. Investigations of new anodic materials for zinc electrowinning [J]. Transactions of the IMF, 2009, 87 (3)：136~140.

[8] 李劼, 钟晓聪, 蒋良兴, 等. 铅合金微观结构对其腐蚀行为的影响 [J]. 功能材料, 2015, 46 (5)：5026~5032.

[9] Lander J J. Further studies on the anodic corrosion of lead in H_2SO_4 solutions [J]. Journal of the Electrochemical Society, 1956, 103 (1)：1~8.

[10] Burbank J. The anodic oxides of lead [J]. Journal of the Electrochemical Society, 1959, 106 (5): 369~376.

[11] Ruetschi P, Angstadt R T. Anodic oxidation of lead at constant potential [J]. Journal of the Electrochemical Society, 1964, 111 (12): 1323~1330.

[12] Pavlov D, Iordanov N. Growth processes of the anodic crystalline layer on potentiostatic oxidation of lead in sulfuric acid [J]. Journal of the Electrochemical Society, 1970, 117 (9): 1103~1109.

[13] Pavlov D, Papazov G, Iliev V. Mechanism of the Processes of Formation of Lead-Acid Battery Positive Plates [J]. Journal of the Electrochemical Society, 1972, 119 (1): 8~19.

[14] Knehr K W, Eng C, Chen-Wiegart Y K, et al. In Situ Transmission X-Ray Microscopy of the Lead Sulfate Film Formation on Lead in Sulfuric Acid [J]. Journal of the Electrochemical Society, 2015, 162 (3): A255~A261.

[15] Hirai N, Takeda K, Hara S, et al. In situ EC-AFM observation with atomic resolution of Pb (1 0 0) and Pb (1 1 1) single crystals in sulfuric acid solution [J]. Journal of Power Sources, 2003, 113 (2): 329~334.

[16] Yamaguchi Y, Shiota M, Nakayama Y, et al. Combined in situ EC-AFM and CV measurement study on lead electrode for lead-acid batteries [J]. Journal of Power Sources, 2001, 93 (1): 104~111.

[17] Pavlov D, Dinev Z. Mechanism of the Electrochemical Oxidation of Lead to Lead Dioxide Electrode in H_2SO_4 Solution [J]. Journal of the Electrochemical Society, 1980, 127 (4): 855~863.

[18] Pavlov D, Rogachev T. Dependence of the phase composition of the anodic layer on oxygen evolution and anodic corrosion of lead electrode in lead dioxide potential region [J]. Electrochimica Acta, 1978, 23 (11): 1237~1242.

[19] Pavlov D. The Lead-Acid Battery Lead Dioxide Active Mass: A Gel-Crystal System with Proton and Electron Conductivity [J]. Journal of the Electrochemical Society, 1992, 139 (11): 3075~3080.

[20] Monahov B, Pavlov D. Hydrated structures in the anodic layer formed on lead electrodes in H_2SO_4 solution [J]. Journal of Applied Electrochemistry, 1993, 23 (12): 1244~1250.

[21] Cao J, Zhao H, Cao F, et al. The influence of F^- doping on the activity of PbO_2 film electrodes in oxygen evolution reaction [J]. Electrochimica Acta, 2007, 52 (28): 7870~7876.

[22] Li Y, Jiang L, Liu F, et al. Novel phosphorus-doped PbO_2-MnO_2 bicontinuous electrodes for oxygen evolution reaction [J]. RSC Advances, 2014, 4 (46): 24020~24028.

[23] Ho J C K, Tremiliosi F G, Simpraga R, et al. Structure influence on electrocatalysis and adsorption of intermediates in the anodic O_2 evolution at dimorphic α-and β-PbO_2 [J]. Journal of Electroanalytical Chemistry, 1994, 366 (1): 147~162.

[24] Conway B E, Liu T C. Characterization of electrocatalysis in the oxygen evolution reaction at platinum by evaluation of behavior of surface intermediate states at the oxide film [J]. Langmuir, 1990, 6 (1): 268~276.

[25] Tunnicliffe M, Mohammadi F, Alfantazi A. Polarization behavior of lead-silver anodes in zinc electrowinning electrolytes [J]. Journal of the Electrochemical Society, 2012, 159 (4): C170~C180.

[26] Wang J R, Wei G L. Kinetics of the transformation process of PbSO₄ to PbO₂ in a lead anodic film [J]. Journal of Electroanalytical Chemistry, 1995, 390 (1): 29~33.

[27] Bagshaw N E. Lead alloys: past, present and future [J]. Journal of Power Sources, 1995, 53 (1): 25~30.

[28] Matthew T. Corrosion of lead anodes in metallic electrowinning environments [D]. Vancouver: The University of British Columbia, 2011.

[29] Monahov B, Pavlov D, Petrov D. Influence of Ag as alloy additive on the oxygen evolution reaction on Pb/PbO₂ electrode [J]. Journal of Power Sources, 2000, 85 (1): 59~62.

[30] Clancy M, Bettles C J, Stuart A, et al. The influence of alloying elements on the electrochemistry of lead anodes for electrowinning of metals: A review [J]. Hydrometallurgy, 2013, 131: 144~157.

[31] Petrova M, Noncheva Z, Dobrev T, et al. Investigation of the processes of obtaining plastic treatment and electrochemical behaviour of lead alloys in their capacity as anodes during the electroextraction of zinc Ⅰ. Behaviour of Pb-Ag, Pb-Ca and Pb-Ag-Ca alloys [J]. Hydrometallurgy, 1996, 40 (3): 293~318.

[32] Prengaman R D. Challenges from corrosion-resistant grid alloys in lead acid battery manufacturing [J]. Journal of Power Sources, 2001, 95 (1): 224~233.

[33] Tizpar A, Ghasemi Z. The corrosion inhibition and gas evolution studies of some surfactants and citric acid on lead alloy in 12.5M H₂SO₄ solution [J]. Applied Surface Science, 2006, 252 (24): 8630~8634.

[34] Zhang W, Houlachi G. Electrochemical studies of the performance of different Pb-Ag anodes during and after zinc electrowinning [J]. Hydrometallurgy, 2010, 104 (2): 129~135.

[35] Zim A A A, El-Sobki K M, Khedr A A. The effect of some alloying elements on the corrosion resistance of lead-antimony alloys-Ⅱ. Silver [J]. Corrosion Science, 1977, 17 (5): 415~423.

[36] Ivanov I, Stefanov Y, Noncheva Z, et al. Insoluble anodes used in hydrometallurgy: Part Ⅰ. Corrosion resistance of lead and lead alloy anodes [J]. Hydrometallurgy, 2000, 57 (2): 109~124.

[37] Camurri C, Carrasco C, Prat O, et al. Study of precipitation hardening in lead calcium tin anodes for copper electrowinning [J]. Materials Science and Technology, 2010, 26 (2): 210~214.

[38] Kelly D, Niessen P, Valeriote E M L. The Influence of Composition and Microstructure on the Corrosion Behavior of Pb-Ca-Sn Alloys in Sulfuric Acid Solutions [J]. Journal of the Electrochemical Society, 1985, 132 (11): 2533~2538.

[39] Sun Q, Guo Y. Effects of antimony on the formation process of 3PbO · PbSO₄ · H₂O on Pb and Pb-Sb electrodes [J]. Journal of Electroanalytical Chemistry, 2000, 493 (1): 123~129.

［40］ Osório W R, Rosa D M, Garcia A. Electrochemical behaviour of a Pb-Sb alloy in 0.5M NaCl and 0.5M H_2SO_4 solutions ［J］. Materials & Design, 2012, 34: 660~665.

［41］ Osório W R, Freitas E S, Peixoto L C, et al. The effects of tertiary dendrite arm spacing and segregation on the corrosion behavior of a Pb-Sb alloy for lead-acid battery components ［J］. Journal of Power Sources, 2012, 207: 183~190.

［42］ Osório W R, Rosa D M, Garcia A. Electrolyte features and microstructure affecting the electrochemical performance of a Pb-Sb alloy for lead-acid battery components ［J］. Electrochimica Acta, 2011, 56 (24): 8457~8462.

［43］ Osório W R, Peixoto L C, Garcia A. Comparison of electrochemical performance of as-cast Pb-1wt.%Sn and Pb-1wt.% Sb alloys for lead-acid battery components ［J］. Journal of Power Sources, 2010, 195 (6): 1726~1730.

［44］ Osório W R, Rosa D M, Garcia A. The roles of cellular and dendritic microstructural morphologies on the corrosion resistance of Pb-Sb alloys for lead acid battery grids ［J］. Journal of Power Sources, 2008, 175 (1): 595~603.

［45］ Simon P, Bui N, Pebere N, et al. Characterization by electrochemical impedance spectroscopy of passive layers formed on lead-tin alloys, in tetraborate and sulfuric acid solutions ［J］. Journal of Power Sources, 1995, 55 (1): 63~71.

［46］ Mattesco P, Bui N, Simon P, et al. In Situ Conductivity Study of the Corrosion Layers on Lead-Tin Alloys in Sulfuric Acid ［J］. Journal of the Electrochemical Society, 1997, 144 (2): 443~449.

［47］ Rashkov S, Stefanov Y, Noncheva Z, et al. Investigation of the processes of obtaining plastic treatment and electrochemical behaviour of lead alloys in their capacity as anodes during the electroextraction of zinc Ⅱ. Electrochemical formation of phase layers on binary Pb-Ag and Pb-Ca, and ternary Pb-Ag-Ca alloys in a sulphuric-acid electrolyte for zinc electroextraction ［J］. Hydrometallurgy, 1996, 40 (3): 319~334.

［48］ Prengaman R D, Ellis T W, Mirza A H. New lead anode for copper electrowinning ［C］//Ⅲ International workshop on process hydrometallurgy. Hydro Process 2010, Chile.

［49］ Alamdari E K, Darvishi D, Khoshkhoo M S, et al. On the way to develop Co-containing lead anodes for zinc electrowinning ［J］. Hydrometallurgy, 2012, 119: 77~86.

［50］ Nikoloski A N, Nicol M J. Addition of Cobalt to Lead Anodes Used for Oxygen Evolution—A Literature Review ［J］. Mineral Processing and Extractive Metallurgy Review, 2009, 31 (1): 30~57.

［51］ Li D G, Zhou G S, Zhang J, et al. Investigation on characteristics of anodic film formed on PbCaSnCe alloy in sulfuric acid solution ［J］. Electrochimica Acta, 2007, 52 (5): 2146~2152.

［52］ Liu H T, Zhang X H, Zhou Y, et al. The anodic films on lead alloys containing rand-earth elements as positive grids in lead acid battery ［J］. Materials Letters, 2003, 57 (29): 4597~4600.

［53］ Zhou Y B, Yang C X, Zhou W F, et al. Comparison of Pb-Sm-Sn and Pb-Ca-Sn alloys for the positive grids in a lead acid battery [J]. Journal of Alloys and Compounds, 2004, 365 (1): 108~111.

[54] Zhou Y B, Liu H T, Cai W B, et al. A lead-tin-rand earth alloy for VRLA batteries [J]. Journal of the Electrochemical Society, 2004, 151 (7): A978~A982.

[55] 李党国, 周根树, 林冠发, 等. 稀土-铅合金在硫酸溶液中阳极行为研究 [J]. 中国稀土学报, 2005, 23 (2): 224~227.

[56] 杨习文, 唐有根, 舒宏, 等. 添加富铈稀土对低锑合金结构及电化学性能的影响 [J]. 中国有色金属学报, 2006, 16 (10): 1817~1822.

[57] 洪波, 蒋良兴, 吕晓军, 等. Nd 对锌电积用 Pb-Ag 合金阳极性能的影响 [J]. 中国有色金属学报, 2012, 22 (4): 1126~1131.

[58] 洪波. 锌电积用铅基稀土合金阳极性能研究 [D]. 长沙: 中南大学, 2010.

[59] 蒋良兴. 湿法冶金用复合多孔 Pb 合金阳极制备与应用关键技术及基础理论 [D]. 长沙: 中南大学, 2011.

[60] Zhong X C, Gui J F, Yu X Y, et al. Influence of Alloying Element Nd on the Electrochemical Behavior of Pb-Ag Anode in H_2SO_4 Solution [J]. Acta Physic-Chimica Sinica, 2014, 30 (3): 492~499.

[61] Rosa D M, Spinelli J E, Osório W R, et al. Effects of cell size and macrosegregation on the corrosion behavior of a dilute Pb-Sb alloy [J]. Journal of Power Sources, 2006, 162 (1): 696~705.

[62] Peixoto L C, Osório W R, Garcia A. Microstructure and electrochemical corrosion behavior of a Pb-1wt% Sn alloy for lead-acid battery components [J]. Journal of Power Sources, 2009, 192 (2): 724~729.

[63] Ralston K D, Birbilis N. Effect of grain size on corrosion: a review [J]. Corrosion, 2010, 66 (7): 075005-1~075005-13.

[64] Zhang W, Tu C Q, Chen Y F, et al. CyclicVoltammetric Studies of the Behavior of Lead-Silver Anodes in Zinc Electrolytes [J]. Journal of Materials Engineering and Performance, 2013, 22 (6): 1672~1679.

[65] Hrussanova A, Mirkova L, Dobrev T. Influence of additives on the corrosion rate and oxygen overpotential of $Pb-Co_3O_4$, Pb-Ca-Sn and Pb-Sb anodes for copper electrowinning: Part II [J]. Hydrometallurgy, 2004, 72 (3): 215~224.

[66] Prengaman R D, Ellis T, Mina A. 10 years experience with rolled lead-calcium-silver anodes [C]. Lead-Zinc Symposium, The Minerals, Metals & Materials Society, 2000: 819~826.

[67] Zhong X, Yu X, Liu Z, et al. Comparison of corrosion and oxygen evolution behaviors between cast and rolled Pb-Ag-Nd anodes [J]. International Journal of Minerals, Metallurgy, and Materials, 2015, 22 (10): 1067~1075.

[68] Comninellis C, Vercesi G P. Characterization of DSA®-type oxygen evolving electrodes: choice of a coating [J]. Journal of Applied Electrochemistry, 1991, 21 (4): 335~345.

[69] Shrivastava P, Moats M S. Wet film application techniques and their effects on the stability of RuO_2-TiO_2 coated titanium anodes [J]. Journal of Applied Electrochemistry, 2009, 39 (1):

107~116.

[70] Ye Z G, Meng H M, Sun D B. New degradation mechanism of Ti/IrO₂+MnO₂ anode for oxygen evolution in 0.5M H₂SO₄ solution [J]. Electrochimica Acta, 2008, 53 (18): 5639~5643.

[71] Feng Y, Cui Y, Logan B, et al. Performance of Gd-doped Ti-based Sb-SnO₂ anodes for electrochemical destruction of phenol [J]. Chemosphere, 2008, 70 (9): 1629~1636.

[72] Nijjer S, Thonstad J, Haarberg G M. Cyclic and linear voltammetry on Ti/IrO₂-Ta₂O₅-MnOₓ electrodes in sulfuric acid containing Mn²⁺ ions [J]. Electrochimica Acta, 2001, 46 (23): 3503~3508.

[73] Li Y, Jiang L X, Lv X J, et al. Oxygen evolution and corrosion behaviors of co-deposited Pb/Pb-MnO₂ composite anode for electrowinning of nonferrous metals [J]. Hydrometallurgy, 2011, 109 (3): 252~257.

[74] 李渊, 蒋良兴, 倪恒发, 等. 锌电积用 Pb/Pb-MnO₂ 复合电催化阳极的制备及性能 [J]. 中国有色金属学报, 2010, 20 (12): 2357~2365.

[75] Stefanov Y, Dobrev T. Potentiodynamic and electronmicroscopy investigations of lead-cobalt alloy coated lead composite anodes for zinc electrowinning [J]. Transactions of the IMF, 2005, 83 (6): 296~299.

[76] 黄惠, 郭忠诚. 合成聚苯胺/碳化钨复合材料及聚合机理探讨 [J]. 高分子学报, 2010, 1(10): 1180~1185.

[77] 衷水平. 锌电积用铅基多孔节能阳极的制备、表征与工程化试验 [D]. 长沙: 中南大学, 2009.

[78] 蒋良兴, 吕晓军, 李渊, 等. 锌电积用"反三明治"结构铅基复合多孔阳极 [J]. 中南大学学报 (自然科学版), 2011, 42 (4): 871~875.

[79] Zhang Y, Chen B, Guo Z. Electrochemical properties and microstructure of Al/Pb-Ag and Al/Pb-Ag-Co anodes for zinc electrowinning [J]. Acta Metallurgica Sinica (English Letters), 2014, 27 (2): 331~337.

[80] Haitao Y, Buming C, Jianhua L, et al. Preparation and Properties of Al/Pb-Ag-Co Composite Anode Material for Zinc Electrowinning [J]. Rand Metal Materials and Engineering, 2014, 43 (12): 2889~2892.

[81] 桂俊峰. 锌电积用夹层平板阳极的制备及表征 [D]. 长沙: 中南大学, 2014.

[82] Free M, Moats M, Robinson T, et al. Electrometallurgy-Now and in the Future [C]. TMS 2012 annual meeting, The Metal Society, Orlando, 2012.

[83] Prengaman R D, Siegmund A. New wrought Pb-Ag-Ca anodes for zinc electrowinning to produce a protective oxide coating rapidly [C]. Lead-Zinc 2000 Symposium, USA. 2000: 589~596.

[84] Ramachandran P, Naganathan K, Balakrishnan K, et al. Effect of pretreatment on the anodic behaviour of lead alloys for use in electrowinning operations. I [J]. Journal of Applied Electrochemistry, 1980, 10 (5): 623~626.

[85] Ramachandran P, Venkateswaran K V, Nandakumar V. Activated lead electrode for electrowinning of metals [J]. Bulletin of Electrochemistry, 1996, 12 (5): 346~348.

[86] 许春富, 谢刚, 俞小花, 等. 溶液浓度对锌电沉积参数的影响研究 [J]. 矿冶工程,

2009, 29 (3)：61~64.

[87] Hrussanova A, Mirkova L, Dobrev T, et al. Influence of temperature and current density on oxygen overpotential and corrosion rate of Pb-Co$_3$O$_4$, Pb-Ca-Sn, and Pb-Sb anodes for copper electrowinning：Part I [J]. Hydrometallurgy, 2004, 72 (3)：205~213.

[88] 蒋良兴, 衷水平, 赖延清, 等. 电流密度对锌电积用 Pb-Ag 平板阳极电化学行为的影响 [J]. Acta Physic-Chimica Sinica, 2010, 26 (9)：2369~2374.

[89] Clancy M, Styles M J, Bettles C J, et al. In situ synchrotron X-ray diffraction investigation of the evolution of a PbO$_2$/PbSO$_4$ surface layer on a copper electrowinning Pb anode in a novel electrochemical flow cell [J]. Journal of Synchrotron Radiation, 2015, 22 (2)：366~375.

[90] Cifuentes L, Astete E, Crisóstomo G, et al. Corrosion and protection of lead anodes in acidic copper sulphate solutions [J]. Corrosion Engineering, Science and Technology, 2005, 40 (4)：321~327.

[91] Lafront A M, Zhang W, Ghali E, et al. Electrochemical noise studies of the corrosion behaviour of lead anodes during zinc electrowinning maintenance [J]. Electrochimica Acta, 2010, 55 (22)：6665~6675.

[92] Zhong X, Yu X, Jiang L, et al. Electrochemical behavior of Pb-Ag-Nd alloy during pulse current polarization in H$_2$SO$_4$ solution [J]. Transactions of Nonferrous Metals Society of China, 2015, 25 (5)：1692~1698.

[93] Cachet C, Le Pape-Rérolle C, Wiart R. Influence of Co^{2+} and Mn^{2+} ions on the kinetics of lead anodes for zinc electrowinning [J]. Journal of Applied Electrochemistry, 1999, 29 (7)：811~818.

[94] Mureşan L, Maurin G, Oniciu L, et al. Effects of additives on zinc electrowinning from industrial waste products [J]. Hydrometallurgy, 1996, 40 (3)：335~342.

[95] Ivanov I. Increased current efficiency of zinc electrowinning in the presence of metal impurities by addition of organic inhibitors [J]. Hydrometallurgy, 2004, 72 (1)：73~78.

[96] Boyanov B S, Konandva V V, Kolev N K. Purification of zinc sulfate solutions from cobalt and nickel through activated cementation [J]. Hydrometallurgy, 2004, 73 (1)：163~168.

[97] Zhang H, Li Y, Wang J, et al. The influence of nickel ions on the long period electrowinning of zinc from sulfate electrolytes [J]. Hydrometallurgy, 2009, 99 (1)：127~130.

[98] Tripathy B C, Das S C, Misra V N. Effect of antimony (III) on the electrocrystallisation of zinc from sulphate solutions containing SLS [J]. Hydrometallurgy, 2003, 69 (1)：81~88.

[99] Mackinnon D J, Morrison R M, Mouland J E, et al. The effects of saponin, antimony and glue on zinc electrowinning from Kidd Creek electrolyte [J]. Journal of Applied Electrochemistry, 1990, 20 (6)：955~963.

[100] Robinson D J, O' Keefe T J. On the effects of antimony and glue on zinc electrocrystallization behaviour [J]. Journal of Applied Electrochemistry, 1976, 6 (1)：1~7.

[101] McGinnity J J, Nicol M J. The role of silver in enhancing the electrochemical activity of lead and lead-silver alloy anodes [J]. Hydrometallurgy, 2014, 144：133~139.

[102] Nikoloski A N, Barmi M J. Novel lead-cobalt composite anodes for copper electrowinning [J].

Hydrometallurgy, 2013, 137: 45~52.

[103] Chahmana N, Matrakova M, Zerroual L, et al. Influence of some metal ions on the structure and properties of doped β-PbO₂ [J]. Journal of Power Sources, 2009, 191 (1): 51~57.

[104] Chahmana N, Zerroual L, Matrakova M. Influence of Mg²⁺, Al³⁺, Co²⁺, Sn²⁺ and Sb³⁺ on the electrical performance of doped β-lead dioxide [J]. Journal of Power Sources, 2009, 191 (1): 144~148.

[105] 孙国记, 段宏志, 李志强. 湿法炼锌厂系统锰平衡的研究 [J]. 甘肃冶金, 2014, 36 (1): 43~46.

[106] Tjandrawan V. The role of manganese in the electrowinning of copper and zinc [D]. Perth: Murdoch University, 2010.

[107] Selim R G, Lingane J J. Coulometric titration with higher oxidation states of manganese: Electrolytic generation and stability of manganese in sulfuric acid media [J]. Analytica Chimica Acta, 1959, 21: 536~544.

[108] Kelsall G H, Guerra E, Li G, et al. Effects of manganese (II) and chloride ions in zinc electrowinning reactors [C]. Proceedings Electrochemical Society, 2000, 14: 350~361.

[109] Zhang H, Park S M. Electrochemical oxidation of manganese (II) in HClO₄ solutions [J]. Journal of the Electrochemical Society, 1994, 141 (9): 2422~2429.

[110] Cheng C Y, Hughes C A, Barnard K R, et al. Manganese in copper solvent extraction and electrowinning [J]. Hydrometallurgy, 2000, 58 (2): 135~150.

[111] Yu P, O'Keefe T J. Evaluation of lead anode reactions in acid sulfate electrolytes II. Manganese reactions [J]. Journal of the Electrochemical Society, 2002, 149 (5): A558~A569.

[112] Comninellis C, Petitpierre J P. Electrochemical oxidation of Mn(II) to MnO₄⁻ in the presence of Ag(I) catalyst [J]. Electrochimica Acta, 1991, 36 (8): 1363~1365.

[113] Ipinza J, Ibáñez J P, Vergara F, et al. Study of anodic slime from Chilean copper electrowinning plants [J]. Electrometallurgy and Environmental Hydrometallurgy, 2003, 2: 1267~1277.

[114] Mohammadi M, Alfantazi A. Evaluation of manganese dioxide deposition on lead-based electrowinning anodes [J]. Hydrometallurgy, 2016, 159: 28~39.

[115] Pavlov D, Rogachev T. Mechanism of the action of Ag and As on the anodic corrosion of lead and oxygen evolution at the Pb/PbO$_{(2-x)}$/H₂O/O₂/H₂SO₄ electrode system [J]. Electrochimica Acta, 1986, 31 (2): 241~249.

[116] Mohammadi M, Alfantazi A. The performance of Pb-MnO₂ and Pb-Ag anodes in 2 Mn(II) - containing sulphuric acid electrolyte solutions [J]. Hydrometallurgy, 2015, 153: 134~144.

[117] Broughton J N, Brett M J. Variations in MnO₂ electrodeposition for electrochemical capacitors [J]. Electrochimica Acta, 2005, 50 (24): 4814~4819.

[118] Jaimes R, Miranda-Hernández M, Lartundo-Rojas L, et al. Characterization of anodic deposits formed on Pb-Ag electrodes during electrolysis in mimic zinc electrowinning solutions with different concentrations of Mn(II) [J]. Hydrometallurgy, 2015, 156: 53~62.

[119] Mahon M, Alfantazi A. Manganese consumption during zinc electrowinning using a dynamic

process simulation [J]. Hydrometallurgy, 2014, 150: 184~191.

[120] 王树楷. 瓦斯灰回收有色金属及再资源化 [J]. 资源再生, 2009 (10): 48~50.

[121] 梅炽, 彭容秋, 任鸿久. 铅锌冶金学 [M]. 北京: 科学出版社, 2003: 567~568.

[122] 王亚健, 张利波, 彭金辉, 等. 氧化锌烟尘脱氯技术研究进展 [J]. 矿冶, 2013, 22 (2): 78~83.

[123] 尹荣花, 翟爱萍, 李飞. 湿法炼锌氟氯的调查研究与控制 [J]. 中国有色冶金, 2011, 40 (2): 27~29.

[124] 朱诚意, 李光强, 秦庆伟. 炼钢电弧炉炉尘处理工艺进展 [J]. 过程工程学报, 2008 (z1): 133~138.

[125] 蒋继穆. 我国铅锌冶炼现状与持续发展 [J]. 中国有色金属学报, 2004, 14 (S1): 52~62.

[126] Ivanov I, Stefanov Y, Noncheva Z, et al. Insoluble anodes used in hydrometallurgy Part Ⅱ: Anodic behaviour of lead and lead-alloy anodes [J]. Hydrometallurgy, 2000, 57 (2): 125~139.

[127] Zhang W, Cheng C Y. Manganese metallurgy review. Part Ⅲ: Manganese control in zinc and copper electrolytes [J]. Hydrometallurgy, 2007, 89 (3): 178~188.

[128] Amadelli R, Armelao L, Velichenko A B, et al. Oxygen and ozone evolution at fluoride modified lead dioxide electrodes [J]. Electrochimica Acta, 1999, 45 (4): 713~720.

[129] Fraunhofer J A. Lead as an anode—Part 2 [J]. Anti-Corrosion Methods and Materials, 1968, 15 (12): 4~7.

[130] Mohammadi F, Tunnicliffe M, Alfantazi A. Corrosion assessment of lead anodes in nickel electrowinning [J]. Journal of the Electrochemical Society, 2011, 158 (12): C450~C460.

2 实验装置及测试方法

2.1 实验药品及仪器

2.1.1 实验试剂

本书中实验研究所采用的化学试剂具体信息见表 2-1。

表 2-1 化学试剂及其相关信息

试 剂	化学式	纯 度	生 产 厂 家
铅	Pb	≥99.9%	株洲冶炼厂
浓硫酸	H_2SO_4	≥98.0%	凯信化工试剂有限公司
乙醇	CH_3CH_2OH	≥99.7%	国药集团化学试剂有限公司
氟化钠	NaF	≥98.0%	国药集团化学试剂有限公司
氯化钠	NaCl	≥99.5%	国药集团化学试剂有限公司
一水合硫酸锰	$MnSO_4 \cdot H_2O$	≥99.0%	国药集团化学试剂有限公司
氢氧化钠	NaOH	≥96.0%	国药集团化学试剂有限公司
硅酸钠	Na_4SiO_4	≥99.0%	国药集团化学试剂有限公司
碳酸钠	Na_2CO_3	≥99.8%	国药集团化学试剂有限公司
磷酸钠	$Na_3PO_4 \cdot 12H_2O$	≥98.0%	国药集团化学试剂有限公司
葡萄糖	$C_6H_{12}O_6$	AR	国药集团化学试剂有限公司
硫酸钕	$Nd_2(SO_4)_3$	99.9%	上海阿拉丁生化科技有限公司
义齿基托树脂	—	—	上海二医张江生物材料有限公司
骨胶	—	—	国药集团化学试剂有限公司
七水合硫酸锌	$ZnSO_4 \cdot 7H_2O$	98.0%	西陇化工股份有限公司

2.1.2 常用溶液

（1）四钠溶液。株洲冶炼厂提供的压延 Pb-Ag（质量分数为 0.9%）阳极板和实验室自制的浇铸 Pb-Ag（质量分数为 0.4%）和 Pb-Ag（质量分数为 0.4%）-RE 合金采用电火花线切割制备成规定尺寸的样品。线切割过程需要使用冷却液，这种冷却液为有机油相物质。因此，线切割后样品表面沾满油污，需要进行除油处理。本书采用四钠溶液对样品表面进行除油[1]。四钠溶液的组成为：20g/L

NaOH、20g/L Na_3PO_4、10g/L Na_2CO_3 和 4g/L Na_4SiO_4。

（2）H_2SO_4 电解液。本书中实验以 H_2SO_4 溶液模拟工业电解液。H_2SO_4 电解液由工业浓硫酸（98%）和纯水配制而成。氟、氯分别以 NaF 和 NaCl 的形式加入，Mn^{2+} 以 $MnSO_4 \cdot H_2O$ 的形式加入。本书使用了多种电解液，为了表述方便，对每一种电解液取了特殊编号。BE 表示基础电解液，为 160g/L H_2SO_4 溶液。BEF（BECl）表示含氟（氯）的 H_2SO_4 溶液，F 和 Cl 前面的数字代表 F 和 Cl 的浓度，如 BE500Cl 表示含 500mg/L Cl 的 160g/L H_2SO_4 溶液。BEFMn、BEClMn、BEFClMn 分别代表含氟-锰、氯-锰和氟-氯-锰的 H_2SO_4 溶液。Mn 前面的数字代表 Mn^{2+} 的浓度，如 BE4Mn 代表含 4g/L Mn^{2+} 的基础电解液。如果编号中 F、Cl 和 Mn 前面无数字，则代表三者的默认浓度分别为 100mg/L F、500mg/L Cl 和 4g/L Mn。值得注意的是，NaF 溶解在 H_2SO_4 中，F 会以 F^-、HF、H_2F^+ 等形式存在，因此 F 的浓度为氟元素的浓度，而不是 F^- 的浓度[2]。

（3）糖碱溶液。糖碱溶液主要用于溶解阳极表面的氧化膜层，使基底暴露，以便观察基底腐蚀形貌[3]。糖碱溶液的组成为：20g/L 葡萄糖、100g/L NaOH。特别注意的是，配制糖碱溶液过程中，需要先溶解 100g NaOH 于纯水中，待溶液冷却至室温后再加入 20g 葡萄糖。这样可以防止葡萄糖在高温 NaOH 溶液中快速氧化。

（4）硫酸锌电解液。为研究 RE^{3+} 对阴极锌电积过程的影响，实验中还需要配制硫酸锌电解液。其组成为：160g/L H_2SO_4、60g/L Zn^{2+}、4g/L Mn^{2+}、80mg/L 骨胶。Zn^{2+} 以 $ZnSO_4 \cdot 7H_2O$ 形式加入，RE^{3+} 以 $RE_2(SO_4)_3$ 形式加入。

2.1.3 实验仪器与装置

2.1.3.1 实验与表征仪器

实验研究所用到的仪器及其生产厂家见表 2-2。

表 2-2 仪器及其生产厂家

仪　器	型　号	厂　　家
金相磨样机	YM-1	上海顺辉金相设备厂
电子天平	MS204TS	梅特勒托利多仪器（上海）有限公司
恒温水浴锅	HH-1	上海予华仪器设备有限公司
电池测试仪	CT-2001A	武汉市蓝电电子股份有限公司
参比电极	CK_2SO_4	上海仪电科学仪器股份有限公司
扫描电镜	MIRA 3	捷克 Tescan 公司
能谱仪	GENSIS60S	美国 EDAX 公司

仪 器	型 号	厂 家
X 射线衍射仪	D/Max 2500	日本理学
等离子体发射光谱	PS-6	美国 Baird 公司
电化学工作站 I	2273	美国 Perkin ELmer 公司
电化学工作站 II	1470E	英国 Solartron 公司
金相显微镜	MeF3A	德国 Leica 公司
扫描电镜	MIRA 3	捷克 Tescan 公司

2.1.3.2 电极的制备

采用电火花线切割技术将 Pb 合金切割成 10mm×10mm×5mm 的试样。将试样放入四钠溶液中浸泡 12h。取出后擦干，用砂纸打磨光亮。将铜导线焊接在一个 10mm×10mm 平面上。用义齿基托树脂将试样封装，只露出一个 10mm×10mm 的工作面。具体操作示意图如图 2-1 所示。新封装的电极需要在 80℃温度下固化 8h。在每次测试前，依次用 37.4μm（400 目）、13μm（1000 目）、6.5μm（2000 目）SiC 砂纸将电极打磨至光亮，然后用乙醇、超纯水冲洗，最后用滤纸将电极表面的水擦拭干净备用[4]。

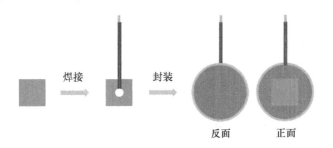

焊接 → 封装 → 反面 正面

图 2-1　铅合金电极制备流程示意图

2.1.3.3 电化学体系的搭建

所有的电化学测试都在 1L 玻璃烧杯内进行，溶液体积为 850mL。阳极电位测试、循环伏安（CV）测试、电化学交流阻抗（EIS）测试、线性扫描伏安（LSV）测试、塔菲尔线性极化（Tafel）测试均采用三电极体系。对电极为 40mm× 40mm 石墨电极。参比电极为 $Hg/Hg_2SO_4/sat.K_2SO_4$（+0.64V vs. 标准氢电极电位），如无特别说明，本书中所有电位均相对于该参比电极。对于无须电化学测试的实验，采用双电极体系，LANHE® 电池测试设备对电解池提供直流电。为了尽可能使每次测试工作电极、参比电极和对电极位置相同，加工了与 1L 烧杯配套的塑料盖子，如图 2-2 所示。工作电极与对电极极距为 35mm。参比电极底部与合金的上边缘齐平，参比与工作电极距离为 20mm 左右。三电极体系与测试设备连接如图 2-3 所示。

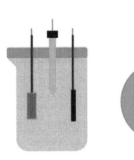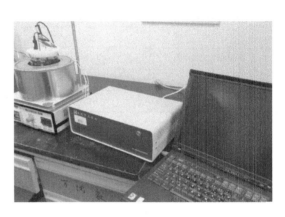

图 2-2　三电极电化学体系示意图　　　　图 2-3　电化学测试设备连接图

2.2　实验及测试方法

铅阳极在服役过程中实际上是以金属氧化物阳极形式工作的。为了使阳极更接近工业中的工作状态，每次测试前，均需要对电极进行 72h 的恒流极化，以保证铅阳极表面形成一层较稳定的氧化膜层。恒流极化过程中阳极电流密度与工业中的电流密度保持一致，即为 $500A/m^2$，电解液温度恒定在 35℃。

2.2.1　循环伏安测试

循环伏安测试主要用于表征新打磨的铅合金在各种电解液中不同电位下进行的氧化还原反应，分析不同杂质离子对合金的氧化还原反应的影响。电位扫描范围为 -1.7~1.6V，扫描速率为 5mV/s。起始电位设为开路电位，电位先往负方向扫至 -1.7V，这样可以将新打磨的阳极表面的氧化物除去，然后进行 CV 测试。

2.2.2　氧化膜层表征

2.2.2.1　表面形貌

恒流极化 72h 后，迅速将阳极从电解液中取出，用纯水将电极表面残留的电解液冲洗干净。然后用电吹风将水吹干，最后放入 65℃ 鼓风干燥箱中进行烘干。烘 8h 后将阳极送扫描电子显微镜（SEM）观察氧化膜层的表面形貌。

2.2.2.2 内部结构

为了观察氧化膜层的内部结构，需要采用 SEM 观察氧化膜层的截面形貌。为了获取截面形貌，烘干后的电极需要先用义齿基托树脂将表面的膜层封装固定。然后用砂纸打磨使得电极截面暴露。具体操作如图 2-4 所示。特别注意，为了尽可能保存膜层的结构，打磨过程中切忌加压打磨，而且砂纸最好选用低于 6.5μm（2000 目）的砂纸。打磨应该沿着膜层—基底方向进行。这是因为 Pb 的延展性好。按相反方向打磨，磨削的 Pb 会覆盖在膜层截面上，影响截面的观察。由于膜层厚度薄，树脂导电性差，SEM 观察截面时应选择背散射电子成像模式，该模式对样品导电性要求低于二次电子成像模式。

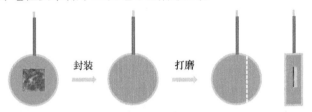

图 2-4 截面形貌测试样品制备流程示意图

2.2.2.3 物相分析

采用 X-射线衍射仪（XRD）分析氧化膜层表面的物相。由于电极周围的封装材料（义齿基托树脂）会影响 XRD 图谱，需要将电极与树脂分离，取电极进行测试。衍射角扫描范围为 $10° \sim 80°$，扫描速度为 $8°/min$[5]。

为了获得膜层整体的物相信息，还采用线性扫描（LSV）和计时电位（CP）测试分析氧化膜层的物相信息。恒流极化 72h 后，立即进行 LSV 测试，电位范围为 $1.35 \sim -1.7V$，扫描速度为 5mV/s。在电位负扫过程中，氧化膜层中不同物相相继被还原，扫描曲线上出现相应的还原峰，从而可以计算出相应物相的量。CP 测试也是在 72h 恒流极化后立即进行。还原电流为 $-2.5mA/cm^2$，还原时间为 2h。还原过程中，氧化膜层中各物相相继还原，在 CP 曲线上呈现出不同的电位平台，电位平台的持续时间可以用于计算相应的还原电量，从而得出相应物相的含量。

2.2.3 基底腐蚀形貌

待 SEM 观察氧化膜层表面形貌后，将电极放入沸腾的糖碱溶液，浸泡 1min 后即可将电极表面的氧化膜层溶解去除。然后依次用酒精和纯水将残留的糖碱溶液冲洗干净，滤纸擦除水渍，在 65℃鼓风干燥箱中烘 8h。最后送 SEM 观察基底的腐蚀形貌。

2.2.4 析氧行为表征

2.2.4.1 阳极电位

采用电化学工作站记录阳极在 72h 恒流（500A/m²）极化过程中的电位。参比电极为 $Hg/Hg_2SO_4/sat. K_2SO_4$ 电极。电位记录频次与电化学工作站型号有关。普林斯顿 P2273 共记录 1000 个数据点，而输力强采样频率为 2Hz。在含锰电解液中，由于阳极电位的变化比较剧烈，采样间隔适当提高到 10s，这样便于作图分析数据。

本书还研究了杂质离子添加顺序对阳极电位的影响。在极化 24h 后，将杂质以溶液形式加入电解槽中，电磁搅拌 5min（转速为 10r/s），使杂质离子分散均匀，整个极化过程电流不能中断。

2.2.4.2 析氧反应动力学

恒流极化 72h 后立即进行电化学交流阻抗测试（EIS）和塔菲尔测试（Tafel）。特别注意的是，由于一旦断电，阳极表面的状态会发生改变。因此恒流极化和 EIS/Tafel 测试需要连续测试。为了方便电化学工作站的程序化测试，本书采用恒流交流阻抗技术，即 EIS 测试过程中，偏置电流为 50mA（电极电流密度为 500A/m²），交流信号幅度为 10mA，频率范围为 100kHz～0.1Hz。数据采用 Zsimpin® 软件进行拟合。Tafel 测试也是在 72h 恒流极化后立即进行。电位扫描范围为 1.47～1.22V，扫描速度为 0.166mV/s。

为了研究氟（氯）对 Pb-Ag 阳极析氧行为的影响机制，考察氟（氯）是否会在氧化膜层/电解液界面参与双电层的构建。先将 Pb-Ag 在 BE 溶液中极化 72h，极化过程中膜层的生长未受到氟（氯）的影响。极化后，首先在 BE 溶液中进行 EIS 测试，然后恒流极化 5min，在该过程中加入含氟（氯）溶液，极化结束后立即进行 EIS 测试；重复 "极化 5min—加含氟（氯）—EIS 测试" 两次，即可获得 BE 溶液中成膜的 Pb-Ag 阳极在 BE 和三种含氟（氯）溶液中的 EIS 图谱。

2.2.5 阳极泥表征

在含锰电解液中，阳极极化 72h 后电解槽底部有阳极泥沉积。由于阳极泥量少，而且过滤收集非常困难。为了克服这些困难，我们将电解液上清液倒掉一部分，加入纯水，静置后再倒掉上清液，再加入纯水。重复 5 次操作后，阳极泥浆中残留的硫酸浓度很低。将阳极泥浆液倒入表面皿，放入烘箱将水烘干。然后用药勺将表面皿上的阳极泥刮下并收集称重。称重后阳极泥送等离子体发射光谱（ICP-AES）和 XRD 测试，以分析阳极泥中含铅量和阳极泥的物相组成。

2.2.6　锌电沉积过程

为考察 RE^{3+} 对阴极锌电积过程的影响，对比研究了无 RE^{3+} 和含 RE^{3+} 硫酸锌电解液中 Al 板表面的锌电积过程。锌电积试验采用三电极体系，纯 Al 板（20mm×20mm）为工作电积，Pt 电极（40mm×40mm）为对电极，$Hg/Hg_2SO_4/$ sat. K_2SO_4 为参比电极。恒流电沉积采用的电流密度为 $500A/m^2$。电位扫描测试过程中，电位扫描范围为 $-1.35\sim-1.65V$，扫描速度为 $2mV/s$。

参 考 文 献

[1] 李渊. 锌电积用电催化节能阳极的复合电沉积制备及性能表征 [D]. 长沙：中南大学，2011.

[2] Zhong X, Jiang L, Liu F, et al. Anodic passivation of Pb-Ag-Nd anode in fluoride-containing H_2SO_4 solution [J]. Journal of Central South University, 2015, 22：2894~2901.

[3] Lai Y, Li Y, Jiang L, et al. Electrochemical behaviors of co-deposited Pb/Pb-MnO$_2$ composite anode in sulfuric acid solution-Tafel and EIS investigations [J]. Journal of Electroanalytical Chemistry, 2012, 671：16~23.

[4] Tizpar A, Ghasemi Z. The corrosion inhibition and gas evolution studies of some surfactants and citric acid on lead alloy in 12.5 M H_2SO_4 solution [J]. Applied Surface Science, 2006, 252 (24)：8630~8634.

[5] Taguchi M, Hirasawa T, Wada K. Corrosion behavior of Pb-Sn and Pb-2mass% Sn-Sr alloys during repetitive current application [J]. Journal of Power Sources, 2006, 158 (2)：1456~1462.

3 氟对铅阳极在硫酸溶液中性能的影响

3.1 概述

锌电积过程对电解液中杂质离子非常敏感。杂质离子对锌电积过程的影响可以大致分为 3 类：（1）降低电流效率；（2）降低阴极锌纯度；（3）影响阳极性能。尽管锌的湿法冶炼流程中设有电解液除杂工序，但目前的除杂工序主要针对的是第一类和第二类杂质离子。随着电解液中氟、氯浓度的不断攀升，工业上开始关注它们对阳极的影响。氟离子最早引起工业的关注是因为其会加剧阴极铝板的腐蚀。在沉积初期，氟离子会破坏阴极 Al 板表面的钝化层，使得沉积的 Zn 直接与 Al 接触，造成阴极锌板剥离困难，粘板现象严重。随着氟浓度上升到 50mg/L 以上，氟对铅阳极的不利影响开始凸显。

文献中报道的主要是氟在预处理过程中对铅阳极的影响。含氟溶液中电化学预处理可以使电极表面快速形成一层致密的、与基底结合牢固的氧化膜层。然而，预处理过程的电解液环境和电解制度与实际锌电积过程不一样，因此，有必要研究氟对铅阳极在锌电积电解液中性能的影响，认识氟对铅阳极氧化膜层、腐蚀和析氧行为三者的影响，梳理氟对铅阳极腐蚀和析氧行为的影响路径，揭示氟对铅阳极性能的影响机制。从而为铅阳极的设计、优化以及电解液中氟的调控提供理论指导。

3.2 Pb-Ag 合金在含氟 H_2SO_4 溶液中的 CV 特性

尽管铅阳极在服役过程中是以金属氧化物电极形式工作的。但氧化物的形成以及基底的腐蚀均是合金基底的电化学反应的结果。因此，有必要分析 Pb-Ag 合金在 H_2SO_4 溶液中可能发生的电化学反应。图 3-1 给出了 Pb-Ag 在不同氟浓度的 H_2SO_4 溶液中的循环伏安曲线。图 3-1（b）、（c）为图 3-1（a）的局部放大图。电位正向扫描至 -0.95V 左右出现氧化峰 A1。A1 峰为 Pb 氧化生成 $PbSO_4$ 的氧化峰[1,2]。随着 $PbSO_4$ 的生成，电流快速下降。正向扫描过程中，在 -0.90 ~ 1.15V 的电位区间电流非常小，阳极处于钝化状态，说明 $PbSO_4$ 层有效抑制了基底的氧化腐蚀。当电位进一步正向扫描至 1.15V 时，电流增大，PbO_2 的生成与析氧反应开始进行，CV 曲线上出现 A2 氧化枝。回扫过程中，首先出现的是面积很小的氧化峰 A3，紧接着出现还原峰 C1。还原峰 C1 代表 PbO_2 向 $PbSO_4$ 的还原[3]。随后又出现一个氧化峰 A4。A3 和 A4 峰均被称为"氧化偏移峰"。A. Czerwiński 等人[4~6]研究了氧化偏移峰的产生原因。不论是在 C1 峰前面还是后面，氧化偏移峰均对应于 Pb 基底的氧化。对于 A3 峰来说，电位正扫过程中生成的膜层比较薄，加上高电位区析氧反应剧烈，膜层中有部分 Pb 基底暴露，导致 A3 峰的出现。而 A4 峰的出现主要与 C1 峰有关，由于 $PbSO_4$ 的摩尔体积（48cm^3/mol）大于 PbO_2 的摩尔体积（25cm^3/mol），在 PbO_2 向 $PbSO_4$ 转换过程中，膜层内部膨胀，内压增大，导致膜层开裂。裂缝深度足以将 Pb 基底暴露，Pb 与 H_2SO_4 溶液接触，使 Pb 氧化生成 $PbSO_4$。电位负向扫描到 -0.9V 左右，依次出现还原峰 C2 和 C3，分别对应 PbO_n、$3PbO \cdot PbSO_4$、$PbO \cdot PbSO_4$ 等的还原和 $PbSO_4$ 的还原。

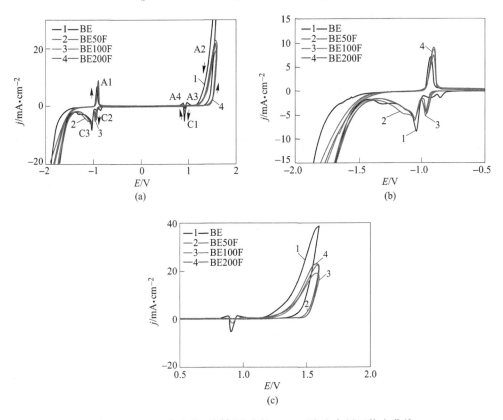

图 3-1 Pb-Ag 合金在不同氟浓度的 H_2SO_4 溶液中循环伏安曲线

对比 Pb-Ag 在不同氟浓度 H_2SO_4 溶液中的 CV 曲线，可以发现，随着氟浓度的增加，$PbSO_4$ 生成峰 A1 峰值电流增大，峰值电位稍向正移。氟的引入促进了 $PbSO_4$ 的生成。这也许是早期文献中报道氟可以使铅表面快速成膜的原因。本课题组前期研究了 Pb 合金在高氟浓度 H_2SO_4 溶液中的循环伏安曲线[7]。研究发现在高氟（5g/L 以上）H_2SO_4 溶液中，在 $Pb/PbSO_4$ 平衡电位附近，出现两个氧化峰，分别对应 $PbSO_4$ 和 PbF_2 的生成。氟离子和硫酸根起协同作用，促进氧化膜层的形成，膜层厚度较 H_2SO_4 溶液中生成的大6倍左右。氟具有高表面活性，可以攻击 Pb，加速 Pb^{2+} 的溶出。而 $PbSO_4$ 的溶解度小于 PbF_2，因此，溶出的 Pb^{2+} 快速与周围的 SO_4^{2-} 结合，以 $PbSO_4$ 形式沉积。因此，氟的存在加速 $PbSO_4$ 膜层的形成。

电位正扫至 1.2V 左右，电流开始增加，该电位被称为"析氧起始电位"。由图 3-1（c）可见，含氟 H_2SO_4 溶液中析氧起始电位较 H_2SO_4 溶液高 10～15mV。而随氟浓度的增加，起始电位正移并不明显。电位负扫过程中，含氟 H_2SO_4 溶液中还原峰 C1 面积小于 BE 中的面积，表明正扫过程膜层中 PbO_2 的生成量更少，这可以解释在析氧电位区间含氟溶液中的析氧电流更小。在 -1.0V 左右，BE 溶液中 C2 峰由两个小峰组成，而含氟 H_2SO_4 溶液只有一个还原峰，具体原因还不清楚。对比可见，含氟 H_2SO_4 溶液电位正扫过程中生长的膜层中 PbO_n 和 $PbO \cdot PbSO_4$ 的含量稍高于 BE 溶液中的。

3.3　氟对铅阳极氧化膜层及腐蚀行为的影响

铅阳极氧化膜层的性质往往决定了铅阳极的性能。一，氧化膜层是合金基底和电解液之间的物理屏障，膜层的稳定性与内部结构决定其对合金基底的保护性能；二，析氧反应在膜层/电解液界面上进行，膜层的表面积和物相组成直接决定析氧反应的活性；三，膜层的厚度、致密度和物相组成还影响膜层的电子导电率，进而影响阳极电位。因此，膜层的性质对铅阳极的腐蚀和析氧行为均有重要的影响。本节主要研究氟对 Pb-Ag 阳极氧化膜层表面形貌、内部结构（截面形貌）以及基底腐蚀形貌的影响。结合氧化膜层性质与基底的腐蚀情况，分析氟对 Pb-Ag 阳极腐蚀行为的影响机制。

3.3.1　表面形貌

锌电积过程中，铅阳极在恒定电流的极化作用下，表面慢慢形成一层氧化物膜层，获得稳定的膜层可能需要 1～2 个月的时间。在实验室条件下，按这个周期开展实验显然是不大现实的。因此，文献中报道的 Pb 阳极的研究主要采用 1～3 天的极化时间。

图 3-2 所示为 Pb-Ag 阳极在不同氟浓度 H_2SO_4 溶液中恒流极化 72h 过程中形成的氧化膜层的表面形貌，每个形貌图的右上角为高倍数（20000 倍）的表面形貌显微图。图 3-2（a）所示为 Pb-Ag 在 160g/L H_2SO_4 溶液（BE）中生成的膜层。膜层呈现典型的珊瑚礁状，膜层表面粗糙、疏松且孔洞多。这种形貌特征主要是由两个因素导致的[8]：一是析氧反应产生的氧气气泡冲刷的作用；二是 $PbSO_4$ 向 PbO_2 转化时，由于两者摩尔体积相差大，导致转化过程中膜层收缩，膜层疏松孔洞多。从高倍数形貌图可以发现，在 H_2SO_4 溶液形成的膜层表面分布有大量的方形微孔。这些区域的主要成分是 PbO_2，方形微孔分布在 PbO_2 的表

面，这些微孔的形成与析氧反应有密切关系。图 3-2（b）所示为 Pb-Ag 在含 50mg/L 氟 H_2SO_4 溶液（BE50F）中形成的膜层的形貌。可以看出，氟的引入使膜层形貌特征发生较大变化。膜层表面"珊瑚礁"减少，平整度提高，膜层表面出现一些小碎片，还可以观察到很多针孔。微观上看，PbO_2 区域膜层表面较光滑，上面出现较多的深孔。这些深孔对应于低倍数形貌图中观察到的针孔。当氟浓度提高到 100mg/L（BE100F），膜层表面出现大量的鳞片，如图 3-2（c）所示。很多区域鳞片已明显脱落，鳞片下面的膜层同样有大量的针孔，膜层致密度较 BE 溶液中的差。从微观形貌看，这些鳞片脱落的区域，鳞片底部有较多孔洞，同样对应上述的针孔。按照 Pavlov 的析氧机理[9]，析氧反应不仅发生在膜层/电解液表面，还可在膜层内部空隙处进行。这些区域可与电解液接触，并进行析氧反应，产生的氧气气泡冲击表面的鳞片，从而使鳞片脱落。在氟浓度为 200mg/L 的 H_2SO_4 溶液（BE200F）中，膜层的表面的鳞片状更加明显，如图 3-2

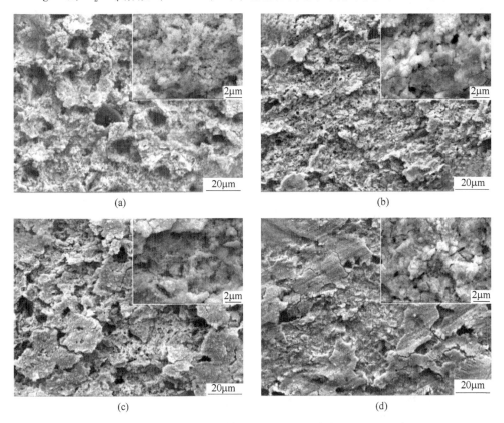

图 3-2　Pb-Ag 阳极在不同氟浓度的 H_2SO_4 溶液（160g/L）中
72h 恒流极化（500A/m²）后氧化膜层表面形貌
（a）无 F；（b）50mg/L F；（c）100mg/L F；（d）200mg/L F

（d）所示。值得注意的是，这些鳞片相较图 3-2（c）的更薄，表面更光滑平整，而且与底部的膜层结合的更好。膜层细小针孔数量大大减少。微观上，PbO_2 区域光滑平整，表面分布有一些裂缝。

整体上，含氟溶液中氧化膜层表面"珊瑚礁"大大减少，呈现明显的鳞片状，平整度比 BE 溶液中的高，鳞片状膜层较易脱落。含氟溶液中膜层表面出现较多针孔。微观上，含氟溶液中膜层表面 PbO_2 区域光滑平整，无方形微孔。

3.3.2　内部结构

上文分析了含氟溶液中氧化膜层的表面形貌。氧化膜层作为铅阳极和电解液之间的物理屏障，氧化膜层内部结构对阳极腐蚀行为的影响重大。因此，需要研究氟对氧化膜层内部结构的影响。膜层内部结构的分析难度大，早期文献报道中大多只提供氧化膜层形貌。本书创造性地采用"固定封装—打磨抛光"方法获得了氧化膜层的截面形貌，如图 3-3 所示。图 3-3 中最上方黑色区域为封装材料，

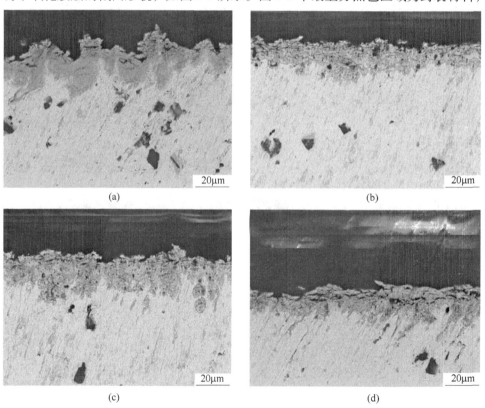

图 3-3　Pb-Ag 阳极在不同氟浓度的 H_2SO_4 溶液（160g/L）中恒流极化

（500A/m²）72h 后氧化膜层截面形貌

（a）无 F；（b）50mg/L F；（c）100mg/L F；（d）200mg/L F

即绝缘树脂；中间深灰色的为氧化膜层；下部灰白色区域为 Pb-Ag 基体。Pb-Ag 基体出现的黑色区域为打磨过程嵌入的 SiC 颗粒。图 3-3（a）所示为 BE 溶液中极化的阳极的截面形貌，由图可见，膜层表面非常不平整。凸起部位对应膜层表面的"珊瑚礁"，凸起部位疏松多孔。截面证实了 H_2SO_4 溶液中 Pb 阳极表面膜层呈双层结构，即外部的疏松层和底部的紧密层[10]。在 BE50F 溶液中极化的阳极截面如图 3-3（b）所示，膜层表面无明显凸起，"珊瑚礁"大大减少，表面平整度高于 BE 溶液。膜层无明显的双层结构，膜层内部出现较多孔洞。氟浓度增加到 100mg/L 时，膜层截面形貌与 BE50F 中的类似，同样出现较多孔洞，膜层厚度略有增加。当氟浓度达到 200mg/L 时，膜层内部有大量的裂缝和孔洞，膜层呈现大量的碎块，致密度差。

综合上述分析，可以归纳氟对膜层内部结构的影响主要为：膜层表面"珊瑚礁"大大减少，表明平整度高于 BE 溶液。膜层无明显的双层结构，膜层内部有较多孔洞。在高氟浓度电解液中，膜层内部空隙和裂缝多，呈现大量碎块状，致密度差。

3.3.3 腐蚀形貌

铅阳极的腐蚀发生在基底/氧化膜层界面。基底的腐蚀形貌不仅反映基底的腐蚀程度，还可以反映合金的腐蚀特性，有助于合金腐蚀类型的判断。图 3-4 给出了 Pb-Ag 在不同氟浓度的 H_2SO_4 溶液中极化 72h 后基底的腐蚀形貌。在 BE 溶液中，合金基底整体较平整，腐蚀较均匀。基底上分布了一些腐蚀坑，深度较小，局部有较多的细小腐蚀孔洞。在 BE50F 溶液中，腐蚀孔洞数量大大增加，孔洞直径增大，腐蚀深度变深，腐蚀比 BE 溶液严重。在 BE100F 溶液中，基底的平整度较 BE 和 BE50F 溶液差，腐蚀不均匀，局部出现大量腐蚀坑和孔洞，腐蚀深度进一步增大。氟浓度上升到 200mg/L 时，基底的腐蚀不均匀程度增加，基底分布有大量的腐蚀孔洞，腐蚀孔洞直径增加，腐蚀深度较 BE100F 溶液大很多。

总体上，相对 BE 溶液，含氟溶液中，基底腐蚀孔洞多，腐蚀深度大，基底的腐蚀不均匀程度大，局部腐蚀严重。随着氟浓度增大，腐蚀孔洞增多，孔径变大，腐蚀深度增大。在 BE200F 溶液中，膜层内部出现大量的空隙和裂缝，致密度差，导致该溶液中基底腐蚀最为严重。结合氧化膜层的形貌和内部结构分析，氟加剧基底腐蚀的原因是膜层呈现鳞片状，膜层内部孔洞多，致密度差。尤其在高氟溶液中，膜层内部出现大量空隙和裂缝，这些因素均会增加电解液渗透接触基底的概率，从而加速基底的氧化腐蚀。此外，根据 CV 曲线和已有研究报道，氟半径小，反应活性高，可以快速腐蚀基底，加剧 Pb 以 Pb^{2+} 溶出。因此，氟加速铅阳极腐蚀速率主要有两种机制：一是在极化初期加剧 Pb^{2+} 的溶出；二是氟降低膜层致密度，增加基底与电解液的接触概率。

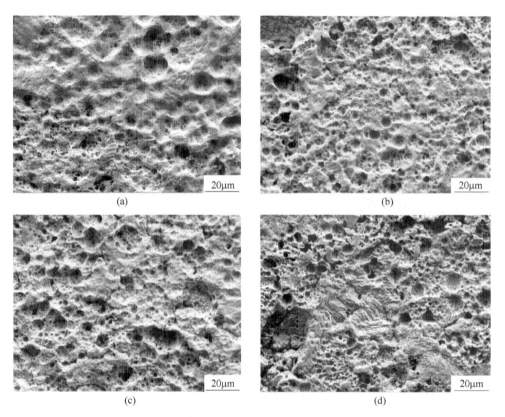

图 3-4   Pb-Ag 阳极在不同氟浓度的 H_2SO_4 电解液中极化 72h 后基底腐蚀形貌

（a）无 F；（b）50mg/L F；（c）100mg/L F；（d）200mg/L F

3.3.4 氧化膜层物相

氧化膜层的物相对氧化膜层的导电性、析氧反应活性位点的数量和分布等均有重要的影响。因此，本节主要研究不同浓度的氟对 Pb-Ag 氧化膜层的物相的影响。XRD 的检测深度为微米级，可以获得膜层表面的物相信息。为了获得膜层整体的物相信息，还采用线性扫描伏安法（LSV）和计时电位（CP）测试来分析氧化膜层的物相组成。

3.3.4.1 XRD 分析

图 3-5 给出了 Pb-Ag 阳极在不同氟浓度的 H_2SO_4 溶液极化 72h 后氧化膜层的 XRD 图谱。由图 3-5 可见，四种电解液中生长的膜层的主要物相均为 PbO_2 和少量的 $PbSO_4$。铅阳极氧化膜层中的 PbO_2 有两种晶型，分别为 α-PbO_2 和 β-PbO_2[11]。图中最强衍射峰为 α-PbO_2 的特征峰。含氟溶液中，膜层 XRD 图谱的

α-PbO$_2$ 的特征峰峰强较 BE 溶液的低，说明含氟溶液中 α-PbO$_2$ 的含量更低。2θ 约为 26°处对应的是 β-PbO$_2$ 的特征峰，含氟溶液中 β-PbO$_2$ 的特征峰相较 BE 溶液的稍微明显些。观察 $2\theta \approx 32°$处的特征峰，可以发现，含氟溶液中的 PbSO$_4$ 的特征峰也更加明显，说明氟的存在增加了膜层中 PbSO$_4$ 的含量。值得注意的是，在 $2\theta \approx 62°$处出现了 Pb 的特征峰，这与膜层的厚度较小和膜层致密度差有关。含氟溶液中生长的膜层的 Pb 的特征峰更为明显，这可由含氟溶液中膜层中孔洞较多，致密度更差来解释。

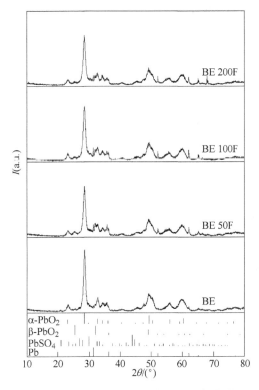

图 3-5　Pb-Ag 阳极在不同电解液中极化 72h 后氧化膜层 XRD 图谱

3.3.4.2　LSV 和 CP 分析

Pb-Ag 阳极在极化 72h 后立即进行 LSV 测试，LSV 曲线如图 3-6 所示。在 -0.8V 左右出现第一个还原峰 C1。前文 CV 分析已经介绍，C1 峰为 PbO$_2$ 的还原峰。由图可见，含氟溶液中，C1 峰的峰值电流和面积均明显小于 BE 溶液，表明氟的存在减少氧化膜层中 PbO$_2$ 的含量，这与 XRD 的分析是一致的。随着氟浓度增加，C1 的峰值电流无明显变化。C1 的前后并未出现 CV 曲线中的氧化偏移峰，这是因为长时间极化生成的膜层较 CV 测试过程中生成的膜层厚，基底不易暴露。电位负扫至 -1.0V 左右时，出现还原峰 C2，该峰对应的是 PbO$_n$ 和 PbO·PbSO$_4$ 的还原。氟浓度升高，C2 峰峰值电流和面积均增大。说明氟的存在，增加了膜层中 PbO$_n$ 和 PbO·PbSO$_4$ 的含量。电位进一步负扫，出现 PbSO$_4$ 的还原峰。BE 溶液中 C3 峰明显，而含氟溶液中 C3 位置只出现几个很小的还原峰。电位负扫过程中，并不是所有的氧化物均会还原。LSV 测试结束，阳极表面仍然还有剩余膜层。因此，可以推断，含氟溶液中 PbSO$_4$ 在 LSV 测试过程中更难还原。在实验过程中，我们发现，含氟溶液中极化的 Pb-Ag 阳极在打磨时，剩余膜层与基底结合牢固，需要更长时间才能打磨干净，这可能是 PbSO$_4$ 更难还原的原因。

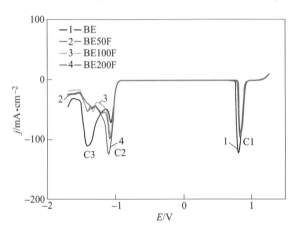

图 3-6　Pb-Ag 在不同电解液中极化 72h 后线性扫描（LSV）曲线

　　为了验证 LSV 的结果，还对极化 72h 后的 Pb-Ag 阳极进行了计时电位（CP）测试。与 LSV 不同，CP 测试是在阳极上施加一个恒定的负电流，在该电流的作用下，氧化膜层组分相继还原，并在 CP 曲线上出现还原电位平台。该方法可以使各个物相在更充分的时间下还原。如图 3-7 所示，首先出现的电位平台在 0.95V 附近，对应于 PbO$_2$/PbSO$_4$ 的转变[12]。可以发现，氟的存在大大减少了 PbO$_2$ 还原的电位平台的持续时间，即还原电量减少，说明 PbO$_2$ 的含量更少。在 BE100F 和 BE200F 溶液中该平台较 BE50F 溶液中的平台更短，说明氟浓度升高，膜层中 PbO$_2$ 的含量降低。在 -0.85V 处出现第二个电位平台，对应于 PbO$_n$ 和 PbO·PbSO$_4$ 的还原[12]。BE 溶液中该平台长度最短，BE50F 溶液次之，而 BE100F 和 BE200F 溶液中平台最长。证实了随着氟浓度增大，膜层中 PbO$_n$ 和 PbO·PbSO$_4$ 含量逐渐增加，与 LSV 的分析一致。在 BE 溶液中，还原至 1.5h 后，电位降至 -1.4V 左右，证明膜层完全还原。而在含氟溶液，-1.0V 左右的还原平台一直持续到 2h。按照横截面的分析，含氟溶液中膜层厚度与 BE 溶液相当。因此，可以推断还原平台长可能是由于剩余 PbSO$_4$ 难以还原所致。这种情况下，析氢反应会消耗掉相应的电量。

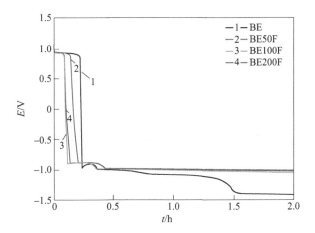

图 3-7 Pb-Ag 在不同电解液中极化 72h 后计时电位（CP）曲线

综合 XRD、LSV 和 CP 的结果，可以证实，电解液中氟的存在减少氧化膜层中 PbO_2 含量，增加膜层中 PbO_n 和 $PbO \cdot PbSO_4$ 含量。XRD 数据还表明含氟溶液中生长的膜层中 $PbSO_4$ 的含量也较 BE 溶液高。

3.4 氟对铅阳极析氧行为的影响

铅阳极的阳极电位是评价阳极性能优劣的一个重要参数。阳极电位影响槽电压，从而影响整个电积过程的能耗。此外，阳极电位的变化还可以提供氧化膜的成膜过程信息以及用于评价氧化膜（阳极反应）的稳定性。因此，有必要研究氟对铅阳极电位的影响。在服役过程中，铅阳极主要进行析氧反应。铅阳极析氧活性决定阳极电位和整个电解过程的能耗水平。因此，为了解释氟对阳极电位的影响，需要进一步研究氟对铅阳极析氧反应动力学的影响，分析氟对铅阳极析氧行为的影响机制。

3.4.1 阳极电位

图 3-8 给出了 Pb-Ag 在不同氟浓度 H_2SO_4 电解液中的阳极电位。在 BE 电解液中，极化初期，阳极电位快速降低。极化 12h 后，阳极电位达到稳定值，随后阳极电位变化很小。极化 72h 后阳极电位大约为 1.390V。在 BE50F 溶液中，极化初期阳极电位低于 BE 溶液中的电位，极化 2h 左右达到电位最低值。随后电位回升，极化 24h 后电位达到稳定值，极化 72h 后阳极电位略高于 BE 溶液，约为 1.393V。在 BE100F 溶液中，阳极电位的变化与 BE50F 溶液中的变化非常相似，极化末期阳极电位大约为 1.396V。在 BE200F 溶液中，极化初期阳极电位相较 BE50F 和 BE100F 溶液高很多，与 BE 溶液中的电位相近。随后阳极电位上升，

并很快超高 BE 溶液中的电位。极化 72h 后阳极电位达到 1.402V。

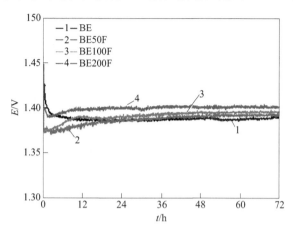

图 3-8　Pb-Ag 阳极在不同氟浓度 H_2SO_4 电解液中恒流极化过程中阳极电位的变化

　　极化初期，含氟溶液中阳极电位低于 BE 溶液。这可能与极化初期，氟直接参与基底的腐蚀成膜有关。由于氟的活性高，$PbSO_4$ 的生长速率快，$PbSO_4$ 的生成在较低电位下进行，$PbSO_4$ 的生成消耗一部分电流，降低阳极极化，因此阳极电位低于 BE 溶液。然而，随着氟离子浓度增大，极化初期电位却升高。按照前面的推测，氟参与基底腐蚀，氟浓度越高，腐蚀越剧烈，阳极电位应该降低。这有可能与高氟溶液中生成更多导电性差的 PbF_2 有关。含氟溶液中，阳极电位在 2h 左右达到低谷，随后阳极电位逐步攀升。这是因为，当 $PbSO_4$ 膜层完全覆盖基底后，阳极主要反应为 PbO_2 和析氧反应，因此，阳极电位逐步攀升。总体上，氟的加入，铅阳极的稳定电位逐步上升。极化 72h 后，BE200F 溶液中的阳极电位比 BE 溶液高 15mV 左右。为分析氟提高阳极电位的原因，需要进一步研究氟对铅阳极析氧反应动力学的影响。

3.4.2 · 析氧反应动力学

　　在铅阳极服役过程中，阳极主要的反应是析氧反应。尽管阳极电位是一个混合电位，受析氧反应、成膜反应和基底腐蚀反应共同决定。但通过铅阳极的大部分电流由析氧反应消耗。因此，析氧反应活性对阳极电位起决定性影响。本节分别采用 EIS 和 Tafel 研究析氧过程动力学参数，分析氟对铅阳极析氧反应的影响及内在机制。

3.4.2.1　EIS 测试

　　电化学阻抗图谱（EIS）是用于分析金属氧化物电极表面性质和界面反应过

程的强有力的工具[13,14]。Pb-Ag 阳极在不同含氟浓度 H_2SO_4 溶液中的 EIS 图谱如图 3-9 所示。四种电解液中获得的阻抗图谱均只出现一个容抗弧，对应于析氧反应双电层电容和电荷传递阻抗（传荷阻抗）并联构成的 RC 回路。由图可知，在高频区，EIS 谱图中出现一段感抗弧。J. Bisquert 等人解释这是由于金属氧化物电极表面分布不均匀的电化学活性物质发生电荷弛豫导致的[15]。采用图 3-9 中的等效电路对阻抗图谱进行拟合。由于氧化物膜层表面析氧活性位点分布不均匀，拟合过程中采用常相位原件 CPE 来代替理想电容，其阻抗 Z_{CPE} 可以表示为[16]：

$$Z_{CPE} = Q^{-1}(j\omega)^{-n} \tag{3-1}$$

式中，Q 为电容；ω 为相位角；n 为用于表征 CPE 与理想电容的偏差情况，$n=1$ 时表示纯电容。

Brug 等人[17]指出双电层电容 C_{dl} 的数值可以由式（3-2）计算获得：

$$Q = (C_{dl})^n [R_u^{-1} + R_{ct}^{-1}]^{1-n} \tag{3-2}$$

式中，C_{dl} 是双电层电容；R_u 是未补偿阻抗；R_{ct} 为传荷阻抗。

等效电路拟合获得 Q、R_u、R_{ct} 和 n 值，通过式（3-2）可得到 C_{dl} 的数值，EIS 图谱拟合结果见表 3-1。

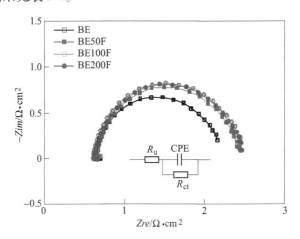

图 3-9　Pb-Ag 阳极在不同氟浓度 H_2SO_4 溶液中 72h 恒流极化后 EIS 图谱

表 3-1　图 3-9 所示的 EIS 图谱拟合结果

电解液	χ^2	$R_u/\Omega \cdot cm^2$	n	$C_{dl}/F \cdot cm^{-2}$	$R_{ct}/\Omega \cdot cm^2$
BE	4.54×10^{-4}	0.644	0.919	4.21×10^{-2}	1.55
BE 50F	7.09×10^{-4}	0.647	0.901	3.30×10^{-2}	1.80
BE100F	7.08×10^{-4}	0.628	0.933	3.28×10^{-2}	1.85
BE200F	4.76×10^{-4}	0.629	0.912	3.86×10^{-2}	1.85

由表 3-1 可知，各种电解液中的 EIS 图谱拟合结果的 χ^2 值都在 10^{-4} 数量级，说明拟合的精度均符合要求。含氟溶液中 R_u 值与 BE 溶液相当。R_u 是未补偿阻抗，由溶液压降和阳极的物理欧姆压降组成。由于每次测试电极与参比的距离无法保持完全一致，因此，讨论 R_u 的大小没有实际意义。n 表征电极表面双电层与理想平行双电层的偏差程度，$n = 1$ 表示理想双电层。C_{dl} 反映的是电极表面双电层上吸附的活性反应物质的数量，比较 C_{dl} 值可以发现，含氟溶液中的 C_{dl} 均低于 BE 溶液，说明氟的存在减少电极表面活性物质的数量。R_{ct} 表征的是析氧反应电子从溶液中的活性反应物质向电极转移的难易程度。随着氟浓度的增加，R_{ct} 的值增加，BE100F 和 BE200F 溶液中 R_{ct} 值相当。

根据 D. Pavlov 的析氧机理[9]，析氧反应在 PbO_2 凝胶区/溶液界面和 PbO_2 晶体区/溶液界面。$PbO \cdot (OH)_2$ 为析氧活性位点，析氧反应中间产物为 $PbO \cdot (OH) \cdots (OH) \cdot$。电化学反应的 C_{dl} 值与电极真实表面积和反应活性位点数量均有关系。根据形貌分析，含氟溶液中，氧化膜层表面平整度较大，对应的膜层表面积更小，这是含氟溶液中 C_{dl} 较 BE 溶液中小的一个原因。氧化膜层表面微观形貌也发现，BE 溶液中 PbO_2 区域表面有大量的方形微孔，而含氟溶液中 PbO_2 区域表面较光滑，这也是含氟溶液中 C_{dl} 更小的一个原因。此外，析氧活性物质的多少还与反应活性位点的数量有关。由于 PbO_2 是生成析氧活性位点的前驱体，XRD、LSV 和 CP 测试均证实含氟溶液中氧化膜层 PbO_2 的含量较 BE 溶液低，相应地，活性位点的数量也较少。因此可以推断含氟溶液中膜层 PbO_2 含量少也是 C_{dl} 值小的一个原因。

氟在电解液中大多以阴离子形式存在。必须探索检验氟离子是否会在氧化膜层/电解液界面的吸附以及参与双电层构建。首先让 Pb-Ag 阳极在 BE 溶液中极化 72h，然后在不同氟浓度的 H_2SO_4 溶液中进行 EIS 测试。该测试可以排除氟对氧化膜层表面积和膜层中 PbO_2 的含量，只研究氟对双电层构建和析氧反应的影响。如图 3-10 所示，不同电解液的 EIS 图谱基本重合，说明电解液新加入的氟几乎不影响析氧反应的 C_{dl} 和 R_{ct}。这也证明了氟不会选择性吸附在电极表面，不会占用析氧活性位点。氟对析氧反应的影响主要是通过对氧化膜层物相、结构和形貌的影响来实现的。

3.4.2.2　Tafel 测试

为了进一步研究氟对 Pb-Ag 阳极析氧行为的影响机理，在恒流极化 72h 后，进行了 Tafel 测试。Tafel 测试是一种准稳态的动电位扫描测试。图 3-11 显示的是由高电位向低电位扫描获得的 Tafel 曲线。所有 Tafel 曲线均按式（3-3）进行了

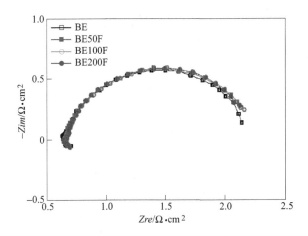

图 3-10 在 160g/L H₂SO₄ 溶液中极化 72h 后的 Pb-Ag

阳极在不同氟浓度的 H₂SO₄ 中的 EIS 图谱

修正[18]：

$$E_{eff} = E_{appl} - iR_u \tag{3-3}$$

式中，E_{appl} 为测试时施加在电极和参比电极之间的电压；i 为电流密度；R_u 为 EIS 测试中获得的未补偿阻抗。E_{eff} 为扣除溶液阻抗和电极欧姆压降后实际施加到电极上的有效电压。

由图 3-11 可见，四种溶液中测得的 Tafel 曲线均在低频区和高频区呈现双斜率特征。采用 Origin 软件对每条 Tafel 曲线进行分段线性拟合，得到的 Tafel 斜率列于表 3-2。

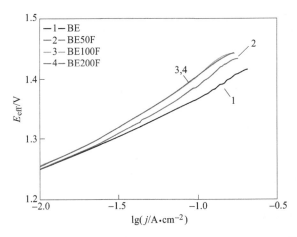

图 3-11 Pb-Ag 阳极在不同电解液中恒流极化 72h 后 Tafel 曲线

表 3-2   图 3-11 所示的 Tafel 曲线分段拟合结果

电解液编号	低过电位区/mV·dec⁻¹	高过电位区/mV·dec⁻¹
BE	113	162
BE 50F	125	193
BE100F	146	213
BE200F	146	208

由表 3-2 可见，在 BE 溶液，低过电位区间 Tafel 斜率为 113mV/dec，根据文献报道，对于铅阳极的析氧反应，Tafel 斜率在 120mV/dec 左右说明析氧反应的速率控制步骤为析氧反应活性物质在活性位点上的吸附和中间产物的生成步骤[19]。随着氟浓度的增大，低过电位区的 Tafel 斜率增大，BE100F 与 BE200F 溶液中 Tafel 斜率相当。这意味着氟的引入使活性物质在活性位点的吸附和中间产物的生成变难。在高电位区，Tafel 斜率均较相同电解液中的低过电位区斜率高很多。Boodts 等人[20]认为这是由于高电位区有部分臭氧析出所致。也有人认为这是由铅阳极氧化膜层多孔结构所致。在高电位区间，氧气气泡在膜层表面滞留，导致析氧反应传质和电子转移受阻。

铅阳极在服役过程电流密度约为 500A/m²，对应于低 Tafel 斜率区。因此，在此主要讨论氟对低过电位区析氧反应 Tafel 斜率的影响。前文已经分析，氟浓度增加使析氧反应过程中的活性物质吸附和中间产物的生成变难。这与 EIS 的结果是一致的。氟导致析氧反应 C_{dl} 减小，即析氧反应中间产物数量减少。这与含氟溶液中氧化膜层表面积小，PbO_2 含量低，析氧活性位点少有关。

综合 EIS 和 Tafel 分析可知，氟对析氧反应的影响机制是：氟的存在减少氧化膜层的 PbO_2 含量并减小氧化膜层表面积，从而使氧化膜层/电解液界面析氧反应活性位点数量减少，析氧反应活性物质吸附变难，形成的中间产物减少。最终导致析氧传荷阻抗大，析氧反应过电位大，阳极电位高。

3.5 本章小结

本章研究了不同氟浓度的 H_2SO_4 溶液中 Pb-Ag 阳极的电化学反应，氧化膜层形貌、结构和物相，基底腐蚀形貌，阳极电位和析氧反应动力学参数。认识清楚了氟对 Pb-Ag 阳极析氧和腐蚀行为的影响，以及这些影响随氟浓度的增加的变化规律。结合膜层性质、析氧行为和腐蚀行为，分析了氟对 Pb-Ag 阳极腐蚀行为和析氧行为的影响机制。得到的主要结论如下：

（1）H_2SO_4 溶液中生长的氧化膜层呈现疏松多孔的珊瑚礁状，表面平整度低。膜层具有双层结构，外层为疏松层，内层为紧密层。在含氟 H_2SO_4 溶液中，氧化膜层表面呈鳞片状，表面较 BE 溶液中的平整度更高。膜层表面出现针孔，膜层内部有较多孔洞。在高氟电解液中，膜层空隙和裂缝多，膜层呈现大量碎块状，致密度差。

（2）氧化膜层主要物相成分为 PbO_2、$PbSO_4$、少量的 PbO_n 和 $PbO \cdot PbSO_4$。相较 H_2SO_4 溶液，含氟溶液中生长的氧化膜层 PbO_2 含量明显减少，$PbSO_4$ 含量增加，PbO_n 和 $PbO \cdot PbSO_4$ 含量也有所增加。

（3）氟浓度增加，腐蚀孔洞数量大增，腐蚀深度变深，基底的腐蚀不均匀程度大，局部腐蚀严重。氟对 Pb-Ag 阳极腐蚀行为的影响主要有两种机制：其一，氟具有高反应活性，在极化初期，可以加剧基底 Pb^{2+} 的溶出；其二，含氟溶液中膜层表面出现针孔，膜层内部有较多孔洞。高氟溶液中膜层中空隙和裂缝多，膜层致密度差，增加基底与电解液接触的概率，加速基底的腐蚀。

（4）Pb-Ag 阳极电位随氟浓度的增加而小幅上升。氟对析氧反应具有不利的影响。氟对析氧行为的影响机制为：氟的存在减少氧化膜层的 PbO_2 含量并减小氧化膜层表面积，从而使氧化膜层/电解液界面析氧反应活性位点数量减少，析氧反应活性物质吸附变难，生成的中间产物数量减少。导致含氟溶液中析氧传荷阻抗大，析氧反应过电位大，阳极电位高。

参 考 文 献

[1] Babić R, Metikoš-Huković M, Lajqy N, et al. The effect of alloying with antimony on the electrochemical properties of lead [J]. Journal of Power Sources, 1994, 52 (1): 17~24.

[2] Vandla F E, Vela M E, Vilche J R, et al. Kinetics and mechanism of $PbSO_4$ electroformation on Pb electrodes in H_2SO_4 aqueous solutions [J]. Electrochimica Acta, 1993, 38 (11): 1513~1520.

[3] Sharpe T F. The behavior of lead alloys as PbO_2 electrodes [J]. Journal of the Electrochemical Society, 1977, 124 (2): 168~173.

[4] Czerwiński A, Żelazowska M, Grdeń M, et al. Electrochemical behavior of lead in sulfuric acid solutions [J]. Journal of Power Sources, 2000, 85 (1): 49~55.

[5] Lach J, Obrębowski S, Czerwiński A. Origin of the "Excursion Peak" during cycling voltammetry of Pb-Sn alloys [J]. Journal of Electroanalytical Chemistry, 2015, 742: 104~109.

[6] Darowicki K, Andrearczyk K. Determination of occurrence of anodic excursion peaks by dynamic electrochemical impedance spectroscopy, atomic force microscopy and cyclic voltammetry [J]. Journal of Power Sources, 2009, 189 (2): 988~993.

[7] Zhong X, Jiang L, Liu F, et al. Anodic passivation of Pb-Ag-Nd anode in fluoride-containing H_2SO_4 solution [J]. Journal of Central South University, 2015, 22: 2894~2901.

[8] Mohammadi M, Mohammadi F, Alfantazi A. Electrochemical reactions on metal-matrix composite anodes for metal electrowinning [J]. Journal of the Electrochemical Society, 2013, 160 (4): E35~E43.

［9］ Cao J, Zhao H, Cao F, et al. The influence of F-doping on the activity of PbO₂ film electrodes in oxygen evolution reaction ［J］. Electrochimica Acta, 2007, 52 (28): 7870～7876.

［10］ Clancy M, Bettles C J, Stuart A, et al. The influence of alloying elements on the electrochemistry of lead anodes for electrowinning of metals: A review ［J］. Hydrometallurgy, 2013, 131: 144～157.

［11］ Chen T, Huang H, Ma H, et al. Effects of surface morphology of nanostructured PbO₂ thin films on their electrochemical properties ［J］. Electrochimica Acta, 2013, 88: 79～85.

［12］ Cifuentes L, Astete E, Crisóstomo G, et al. Corrosion and protection of lead anodes in acidic copper sulphate solutions ［J］. Corrosion Engineering, Science and Technology, 2005, 40 (4): 321～327.

［13］ Hu J M, Zhang J Q, Cao C N. Oxygen evolution reaction on IrO₂-based DSA® type electrodes: kinetics analysis of Tafel lines and EIS ［J］. International Journal of Hydrogen Energy, 2004, 29 (8): 791～797.

［14］ Yang C J, Ko Y, Park S M. Fourier transform electrochemical impedance spectroscopic studies on anodic reaction of lead ［J］. Electrochimica Acta, 2012, 78: 615～622.

［15］ Bisquert J, Randriamahazaka H, Garcia-Belmonte G. Inductive behaviour by charge-transfer and relaxation in solid-state electrochemistry ［J］. Electrochimica Acta, 2005, 51 (4): 627-640.

［16］ Alves V A, Da Silva L A, Boodts J F C. Surface characterisation of IrO₂/TiO₂/CeO₂ oxide electrodes and Faradaic impedance investigation of the oxygen evolution reaction from alkaline solution ［J］. Electrochimica Acta, 1998, 44 (8): 1525～1534.

［17］ Brug G J, Van Den Eeden A L G, Sluyters-Ndhbach M, et al. The analysis of electrode impedances complicated by the presence of a constant phase element ［J］. Journal of Electroanalytical Chemistry and Interfacial Electrochemistry, 1984, 176 (1): 275～295.

［18］ Ho J C K, Tremiliosi Filho G, Simpraga R, et al. Structure influence on electrocatalysis and adsorption of intermediates in the anodic O₂ evolution at dimorphic α-and β-PbO₂ ［J］. Journal of Electroanalytical Chemistry, 1994, 366 (1): 147～162.

［19］ Li Y, Jiang L, Liu F, et al. Novel phosphorus-doped PbO₂-MnO₂ bicontinuous electrodes for oxygen evolution reaction ［J］. RSC Advances, 2014, 4 (46): 24020～24028.

［20］ Franco D V, Silva L M D, Jardim W F, et al. Influence of the electrolyte composition on the kinetics of the oxygen evolution reaction and ozone production processes ［J］. Journal of the Brazilian Chemical Society, 2006, 17 (4): 446～757.

4 氯对铅阳极在硫酸溶液中性能的影响

4.1 引言

第 3 章介绍了氟对 Pb-Ag 阳极氧化膜层性质、析氧行为和腐蚀行为的影响。事实上，在锌电积工业，氯的存在受到比氟更为广泛的关注。电解液中氯的浓度比氟浓度高，这是因为矿物和二次资源的氯含量远高于氟的含量。此外，工业用水中本来就还有氯，这进一步提升了电解液中氯的浓度。锌电解液中氯的浓度一般可达到 500mg/L，部分冶炼厂甚至超过 1000mg/L。文献综述部分已经提到，由于铅合金成分、氯离子浓度和实验操作上的差异，不同的研究者给出的氯对阳极腐蚀速率的影响结果不一致。因此，氯对铅阳极有利还是有害并无定论。大家普遍认同的是，在含氯溶液中铅阳极表现出更低的电位。然而，氯对阳极析氧行为的研究少有报道，氯降低阳极电位的机制还不清晰。

为使研究更有代表性，本章同样以标准 Pb-Ag 阳极为实验对象，研究其在不同氯浓度 H_2SO_4 溶液中的膜层性质（形貌、内部结构和物相组成）、基底腐蚀形貌、阳极电位、析氧反应动力学参数等。厘清氯对 Pb-Ag 阳极膜层性质、腐蚀行为和析氧行为的影响，认识清楚在含氯溶液中膜层性质与基底腐蚀和析氧行为之间的影响关系，揭示氯对 Pb-Ag 阳极腐蚀行为和析氧行为的影响机制。

4.2 Pb-Ag 合金在含氯 H_2SO_4 溶液中的 CV 特性

图 4-1 给出了 Pb-Ag 在不同氯浓度的 H_2SO_4 溶液中的循环伏安（CV）曲线。含氯 H_2SO_4 溶液与含氟 H_2SO_4 溶液中获得的 CV 曲线上出现的氧化峰和还原峰是一样的，第 3 章已经具体分析了各峰代表的反应，在此不予赘述。由图 4-1 可知，含氯溶液中，Pb 氧化生成 $PbSO_4$ 的氧化峰（A1 峰）峰值电流低于 H_2SO_4 溶液（BE）中的峰值电流。但是，随着氯浓度增加，A1 峰峰值电流变大。在 BE500Cl 和 BE750Cl 溶液中 A1 峰峰值电流相当。在析氧电位区，随着氯浓度增加，析氧起始电位正移，A2 氧化枝电流也随氯浓度的增加而减小。由 C1 还原峰可以看出，随氯浓度增加电位正向扫描过程生成的膜层中的 PbO_2 的含量减小。氯和氟对 Pb-Ag 在 H_2SO_4 溶液中 CV 曲线的影响总体相似，均使析氧起始电位正移，减少电位扫描过程中 PbO_2 的生成量。不同的是，氯不会加剧新鲜 Pb 合金表面 Pb^{2+} 的溶出和 $PbSO_4$ 的沉积。此外，Pb-Ag 在含氯 H_2SO_4 溶液中的电化学反应

受氯浓度的影响比较大，氯浓度增大，析氧起始电位和 PbO₂ 的生成量均规律性地变化。在含氟溶液中，两者随氟浓度的增加变化幅度很小。

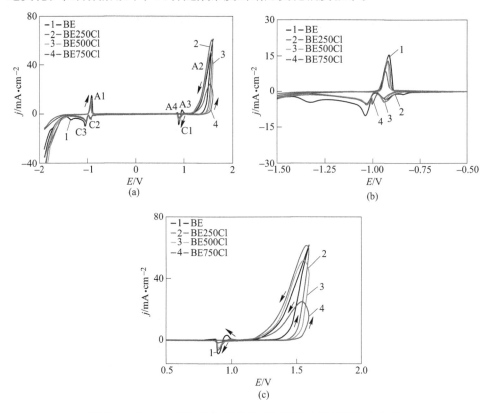

图 4-1　Pb-Ag 在不同氯浓度的 H₂SO₄ 溶液中的循环伏安曲线

4.3　氯对铅阳极氧化膜层和腐蚀行为的影响

本节采用扫描电镜（SEM）观察氧化膜层的表面形貌、截面形貌和基底腐蚀形貌，认识清楚了氯对膜层形貌、内部结构和基底腐蚀的影响，以及随氯浓度增加膜层形貌、结构和基底腐蚀的变化规律。结合膜层性质和基底腐蚀情况，分析了氯对 Pb-Ag 阳极腐蚀行为的影响机制。

4.3.1　表面形貌

图 4-2（a）所示为 Pb-Ag 在 BE 溶液中恒流极化 72h 过程中生成的氧化膜层的表面形貌。图 4-2（b）~（d）所示分别为含 250mg/L（BE250Cl）、500mg/L（BE500Cl）和 750mg/L（BE750Cl）氯 H₂SO₄ 溶液中生成的氧化膜层表面形貌。可以明显地看出，氯的引入对膜层表面形貌影响很大。BE 溶液中生成的膜层疏松多孔，呈现典型的珊瑚礁状，表面平整度低。微观形貌显示，膜层表面分布有

大量的方形微孔。在 BE250Cl 溶液中生成的膜层表面平整度提高，礁状块体变少。从微观形貌可以看出，膜层表面呈现胶结状（板结状），表面平整，方形微孔数量大大减少。当氯浓度提高到 500mg/L，膜层表面平整度进一步提高，膜层呈现明显的胶结状，类似干涸的泥浆。膜层表面孔洞减少，但胶结区域出现较多的裂缝。微观形貌表明，膜层表面的方形微孔进一步减少，但出现裂缝和较大的孔洞。在 BE750Cl 溶液中，胶结状形貌特征更加明显。膜层孔洞减少，平整度增加。从微观形貌上看，裂缝数量增加，裂缝宽度变大。在含氯溶液中，裂缝的出现有可能与膜层胶结程度增加有关。因为膜层在干燥脱水过程中，膜层收缩，致密度高的膜层没有孔洞等空间来缓冲，所以更容易开裂。由于缺乏原位表征，这一点有待进一步证实。

图 4-2 Pb-Ag 阳极在不同氯浓度的 H_2SO_4 溶液（160g/L）中 72h 恒流极化

（500A/m^2）后氧化膜层表面形貌

(a) 无 Cl；(b) 250mg/L Cl；(c) 500mg/L Cl；(d) 750mg/L Cl

总体上，Pb-Ag 氧化膜层表面形貌随着氯浓度的增加呈现规律性的改变。随着氯浓度的增大，膜层表面胶结形貌特征更加明显，表面孔洞减少，平整度和致密度增加。微观上，膜层表面分布的方形微孔减少。在含氯浓度 H_2SO_4 溶液中，胶结区域出现较多的裂缝。随着氯浓度的升高，裂缝增多，缝隙宽增大。

　　根据前文分析，氟和氯两种杂质对氧化膜层表面形貌的影响有较大差异。然而，电解液中往往同时含有氟和氯。因此，有必要观察同时含氟-氯 H_2SO_4 电解液（BEFCl）中氧化膜层的形貌。图 4-3 给出了 Pb-Ag 在 BE、BEF、BECl 和 BE-FCl 四种电解液中形成的氧化膜层表面形貌。在 BE 溶液中，膜层呈疏松珊瑚礁状，平整度最低，孔洞较多；在 BEF 溶液中，膜层表面呈现鳞片状，平整度较BE 溶液稍高；在 BECl 溶液中，膜层呈胶结状，平整度高；在 BEFCl 溶液中，膜层形貌更接近 BECl 体系的形貌，同样呈胶结状。总体上看，在氟-氯二元杂质 H_2SO_4 溶液中，氯对氧化膜层的形貌的影响占主导。

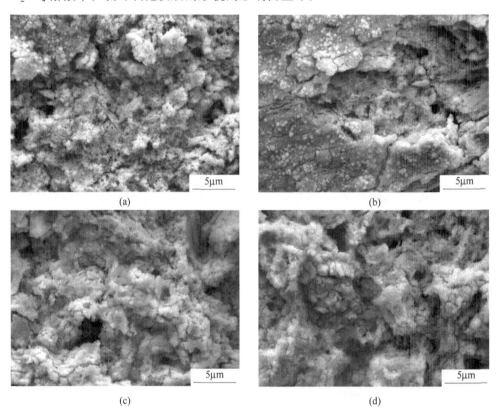

图 4-3　Pb-Ag 阳极在含不同杂质的 H_2SO_4 溶液（160g/L）中 72h 恒流极化

（500A/m²）后氧化膜层表面形貌

（a）BE；（b）BEF；（c）BECl；（d）BEFCl

4.3.2　内部结构

　　Pb-Ag 阳极在不同氯浓度的 H_2SO_4 溶液中极化 72h 后阳极的截面形貌如图 4-4 所示。在 BE 溶液中，膜层分为外面的疏松多孔层和内部的紧密层。在

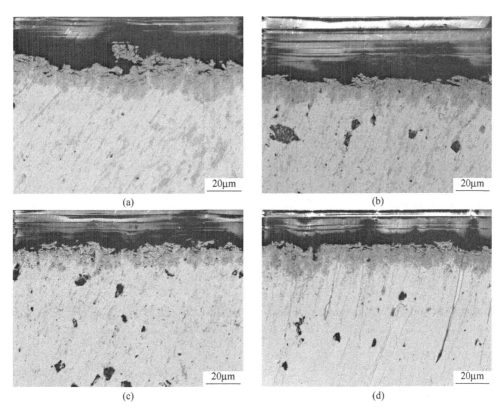

图 4-4　Pb-Ag 阳极在不同氯浓度 H_2SO_4 溶液（160g/L）中恒流极化

（500A/m²）72h 后氧化膜层截面形貌

（a）无 Cl；（b）250mg/L Cl；（c）500mg/L Cl；（d）750mg/L Cl

BE250Cl 溶液中，膜层厚度明显小于 BE 溶液，无明显疏松层，膜层表面平整度高于 BE 溶液，这与含氯溶液中膜层表面形貌结果一致。在 BE500Cl 溶液中，外部疏松层出现大量的孔洞和空隙，致密度差，紧密层厚度小。当氯浓度进一步提高到 750mg/L，外部疏松层薄，紧密层厚度较 BE500Cl 溶液大。总体上，相较 BE 溶液，含氯溶液中氧化膜层表面无"珊瑚礁"，平整度高。在含氯溶液中，疏松层厚度较小，底部紧密层致密度与 BE 溶液中的紧密层致密度相当，但在含氯溶液中紧密层厚度远小于 BE 溶液。氯浓度为 500mg/L 时，膜层厚度薄，致密度最差。氯浓度低于或高于 500mg/L 时，膜层的致密度均有所改善。

对比氟和氯对膜层结构的影响可以发现：在含氟体系中，紧密层出现较多孔洞，膜层致密度低于 BE 溶液。在高氟溶液中膜层多空隙和裂缝，致密度差；在含氯体系中，紧密层致密度与 BE 溶液中的致密度相当，但膜层厚度较小，尤其是紧密层厚度大大小于 BE 溶液。因此，氟主要使膜层内部致密度降低，而氯主要使膜层的厚度，尤其是紧密层厚度减小。

4.3.3　腐蚀形貌

图 4-5 所示为 Pb-Ag 在 BE、BE250Cl、BE500Cl 和 BE750Cl 四种溶液中恒流极化 72h 后合金基底的腐蚀形貌。在 BE 溶液中，极化的阳极基底较平整，腐蚀深度小，腐蚀相对均匀。在 BE250Cl 溶液中，合金基底出现连续的腐蚀坑，呈现麻面腐蚀形貌特征。腐蚀深度较 BE 溶液大，腐蚀均匀。当氯浓度升高到 500mg/L 时，基底平整度低，腐蚀相较 BE250Cl 溶液更剧烈，局部腐蚀严重。在腐蚀坑的基础上新增大量的腐蚀孔洞。有意思的是，氯浓度进一步升高到 750mg/L 后，基底腐蚀非常不均匀，平整区域腐蚀程度低，其他区域出现类似 BE500Cl 溶液中的腐蚀坑和腐蚀孔洞。

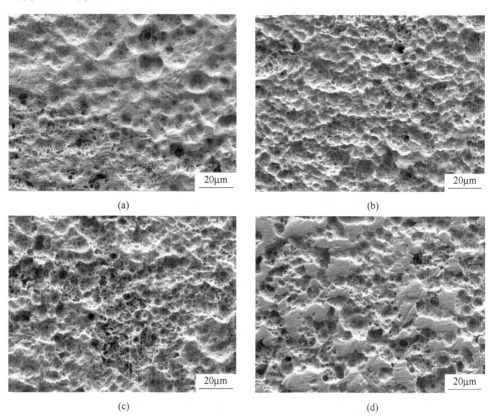

图 4-5　Pb-Ag 阳极在不同氯浓度的 H_2SO_4 溶液中极化 72h 后基底腐蚀形貌
（a）无 Cl；（b）250mg/L Cl；（c）500mg/L Cl；（d）750mg/L Cl

氯的存在加剧基底的腐蚀，随着氯浓度的增加，基底腐蚀不均匀性增大，局部腐蚀严重。在 BE500Cl 溶液中，腐蚀最为严重，这与该溶液中膜层致密度低，紧密层厚度小相对应。氯浓度进一步升高，膜层致密度变高，厚度变大，基底腐蚀有所减缓，腐蚀坑和腐蚀孔洞减少，腐蚀深度也减小，但不均匀程度增加。相较含氟 H_2SO_4 溶液，在含氯溶液中基底的腐蚀孔洞数量和深度均更小，氟对铅阳极腐蚀的影响比氯更严重。

结合氧化膜层的形貌、结构和基底腐蚀形貌分析，氯加剧基底的腐蚀主要是由膜层厚度小，尤其是紧密层厚度小导致的。这会增加电解液渗透接触基底的概率，从而加速基底的氧化腐蚀。从 CV 测试来看，氯并不会加速铅基底的 Pb^{2+} 的腐蚀溶出。因此，在含氯溶液中基底的腐蚀孔洞数量和深度小于含氟溶液，氯对基底腐蚀的影响程度小于氟离子。但是，需要考虑的是，氯在溶液中呈自由离子态，而氟多以 HF、HF^- 等形式存在，Cl^- 在膜层孔洞中传输能力较氟强，而且 Cl^- 与金属的络合能力强。因此，在铅阳极服役过程中，一旦 Cl^- 接触合金基底，Cl^- 同样会加速基底的腐蚀。

4.3.4 氧化膜层物相

4.3.4.1 XRD 分析

Pb-Ag 阳极在不同氯浓度的 H_2SO_4 溶液中极化 72h 生成的氧化膜层的 XRD 图谱如图 4-6 所示。在四种电解液中生成的膜层物相组成均主要为 PbO_2，同时含

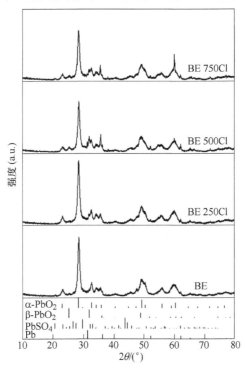

图 4-6 Pb-Ag 阳极在不同溶液中极化 72h 后氧化膜层 XRD 图谱

有少量的 $PbSO_4$。随着氯浓度增大，PbO_2 的特征峰峰值强度降低，说明随着氯浓度增加，氧化膜层的 PbO_2 含量降低。在含氯溶液中，XRD 图谱中的 $PbSO_4$ 的特征峰明显，表明膜层中 $PbSO_4$ 的含量有所增加。在 2θ 为 62°附近，可以看见一个小的衍射峰，对应于金属 Pb 的特征峰。含氯溶液中 Pb 的特征峰峰强高于 BE 溶液，而且 BE500Cl 溶液中的 Pb 的衍射峰峰强最高。由此可以推断，氯的引入会导致膜层致密度降低，或者膜层的厚度减小，这与膜层的截面形貌相互印证。在 BE500Cl 溶液中，Pb 的衍射峰峰强最高，可由该溶液中膜层厚度小、致密度差来解释。总体上看，氯的存在不利于 PbO_2 的生长，膜层中 PbO_2 含量减少，而 $PbSO_4$ 含量有所增加，导致膜层中 $PbSO_4/PbO_2$ 比值有所增大。

4.3.4.2　LSV 和 CP 分析

在不同氯浓度的 H_2SO_4 溶液中极化 72h 后测试的 LSV 曲线如图 4-7 所示。由图 4-7 可见，随着氯浓度的升高，还原峰 C1 的面积依次减小，说明随着氯浓度增大膜层中 PbO_2 的含量降低，与 XRD 结果一致。由 C3 还原峰可见，氯的存在增加了膜层中 PbO_n 和 $PbO \cdot PbSO_4$ 的含量。值得注意的是，在 C3 峰旁边，含氯电解液中的 LSV 曲线出现一个 C2 还原峰。随着氯浓度的增加，C2 峰变得更加明显。该还原峰的归属还有待考证，不排除是由于含氯的铅化合物的还原导致。电位小于 -1.3V 后，出现 $PbSO_4$ 的还原峰 C4。特别注意，此处还原的 $PbSO_4$ 不仅仅包含膜层中的 $PbSO_4$，还包括 PbO_2 等还原生成的 $PbSO_4$。因此，该峰可以表征氧化膜层的物相的总含量。由于含氯溶液中膜层厚度减小，膜层物相总量减少，因此 $PbSO_4$ 还原峰面积远小于 BE 溶液，而且其还原峰由一组杂乱的小还原峰组成。

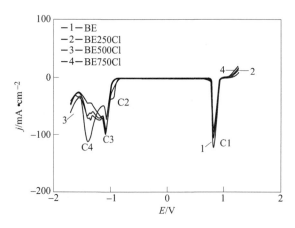

图 4-7　Pb-Ag 在不同溶液中极化 72h 后线性扫描（LSV）曲线

Pb-Ag 在不同溶液中极化 72h 后获得的 CP 曲线如图 4-8 所示。由图 4-8 可见，还原初期出现 $PbO_2/PbSO_4$ 的还原电位平台（约 0.9V），随着氯浓度的增加，该平台长度依次减小，说明 PbO_2 含量随着氯浓度的增加而依次降低，与 LSV 结果一致。在 -0.7~-1.0V 的电位曲线，出现一个电位斜肩，该区域对应于的 PbO_n 和 $PbO \cdot PbSO_4$ 还原[1]。含氯溶液中，该电位斜肩持续时间长于 BE 溶液，这说明氯的存在提高了膜层中 PbO_n 和 $PbO \cdot PbSO_4$ 的含量。测试末期，CP 曲线上电位稳定在 -1.0V 左右，对应 $PbSO_4$ 的还原[1]。在 BE 溶液，还原 1.5h 后电位降至 -1.4V 左右。而在含氯溶液中，还原时间持续到 2h 后，电位仍然保持在 -1.0V，$PbSO_4$ 的还原还未完成。

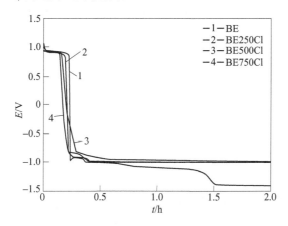

图 4-8　Pb-Ag 在不同溶液中极化 72h 后计时电位（CP）曲线

综合 XRD、LSV 和 CP 测试，可以得出结论：氯的存在，减少了氧化膜层中 PbO_2 含量，增加了 PbO_n、$PbO \cdot PbSO_4$ 以及 $PbSO_4$ 的含量。随着氯浓度的增加，PbO_2 的含量依次降低，而 PbO_n 和 $PbO \cdot PbSO_4$ 含量逐渐增加。这与氟对氧化膜层的物相组成的影响是一样的，氟、氯均不利于 $PbSO_4$ 向 PbO_2 转化，降低膜层中 $PbO_2/PbSO_4$ 比例。

4.4　氯对铅阳极析氧行为的影响

4.4.1　阳极电位

Pb-Ag 阳极在不同氯浓度的 H_2SO_4 溶液中恒流极化过程中阳极电位的变化如图 4-9 所示。在 BE 溶液中，极化初期阳极电位快速降低，极化 12h 左右，阳极电位达到稳定值。极化 72h 后，阳极电位大约为 1.395V。溶液中加入 250mg/L Cl 后，极化初期，阳极电位低于 BE 溶液。极化 24h 后，阳极电位变化很小，达到稳定电位。极化末期，阳极电位约为 1.375V，较 BE 溶液低 20mV。氯浓度提高到 500mg/L 和 750mg/L 时，阳极电位的变化趋势基本一致，极化到 36h 后阳极电位达到稳定值。极化末期，阳极电位分别低于 BE 溶液 35mV 和 40mV 左右。随着氯浓度的增大，阳极电位达到稳定值所需要的时间逐步加长。在含氯溶液中，稳定阳极电位大大低于 H_2SO_4 溶液中的电位。随着氯浓度的增加，阳极稳定电位进一步小幅降低。

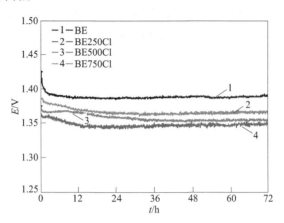

图 4-9　Pb-Ag 阳极在不同氯浓度的 H_2SO_4 溶液中恒流极化过程中阳极电位的变化

图 4-10 对比了 BE、BECl、BEF、BEFCl 四种杂质体系中 Pb-Ag 阳极电位的变化。由图 4-10 可知，BECl 体系电位远远低于 BE 溶液。BEF 体系电位略高于 BE 溶液。而 BEFCl 体系，阳极电位略低于 BE 体系。可见在氟-氯二元杂质体系中，氟和氯都对阳极的电位有影响，两者共同作用下，阳极电位介于 BECl 和 BEF 一元杂质体系中的电位之间。在极化初期，含氟、氯 H_2SO_4 溶液中的阳极电位均低于 BE 溶液，可能是由于氟、氯均加速基底 Pb 的溶出以及 $PbSO_4$ 的生长。但这与 BECl 体系的 CV 曲线的分析有出入。当然，CV 曲线描述的平衡电位附近低极化区域的现象，而阳极电位是在高极化区域获得的，测试电位区域的不同可

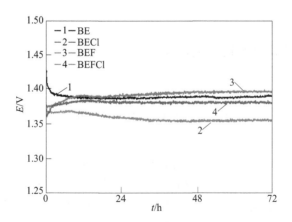

图 4-10　Pb-Ag 阳极在不同溶液中恒流极化过程中阳极电位的变化

能获得不同的结论。总体上，氟使铅阳极电位升高，而氯使铅阳极电位降低。氟对铅阳极电位的影响幅度较小，而氯对铅阳极电位的影响幅度大于氟。

4.4.2 析氧反应动力学

为了探索氯对阳极电位影响的机制，本节主要研究氯对 Pb-Ag 阳极在 H_2SO_4 溶液中的析氧反应动力学的影响。研究析氧动力学参数随氯浓度增加的变化规律。同时结合 EIS 和恒流极化技术，通过改变氯离子的添加顺序，探索了氯对阳极反应影响的机制。

4.4.2.1 EIS 测试

Pb-Ag 阳极在不同氯浓度 H_2SO_4 溶液中的 EIS 图谱如图 4-11 所示。与在含氟电解液中的 EIS 图谱一样，各电解液中获得的阻抗图谱均只出现一个容抗弧，对应于阳极反应双电层电容和传荷阻抗并联构成的 RC 回路。与含氟溶液中不同的是，随着氯浓度的增加，EIS 图谱中的容抗弧半径依次增大。采用图 4-11 中右下角的等效电路对 EIS 阻抗图谱进行拟合。并采用与 3.4.2 节相同的方法计算 C_{dl} 值，等效电路各元件参数拟合结果见表 4-1。

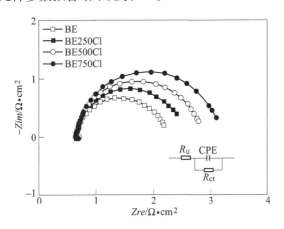

图 4-11 Pb-Ag 阳极在不同氯浓度的 H_2SO_4 溶液中恒流极化 72h 后 EIS 图谱

表 4-1 图 4-11 所示的 EIS 图谱拟合结果

电解液	χ^2	$R_u/\Omega \cdot cm^2$	n	$C_{dl}/F \cdot cm^{-2}$	$R_{ct}/\Omega \cdot cm^2$
BE	5.22×10^{-4}	0.645	0.919	4.21×10^{-2}	1.51
BE250Cl	6.82×10^{-4}	0.651	0.928	3.78×10^{-2}	1.85
BE500Cl	4.78×10^{-4}	0.634	0.917	3.60×10^{-2}	2.21
BE750Cl	4.23×10^{-4}	0.649	0.923	3.37×10^{-2}	2.54

由表 4-1 可知，在各种电解液中拟合结果的 χ^2 值都在 10^{-4} 数量级，说明拟合的精度均符合要求。比较 C_{dl} 值可以发现，含氯溶液中的 C_{dl} 均小于 BE 溶液。随着氯浓度的增加，C_{dl} 值依次减小。C_{dl} 反映的是电极表面双电层上吸附的活性反应物质的数量，说明氯的存在减少电极表面活性物质的数量。R_{ct} 表征的是电极反应过程中电子从溶液向电极转移的难易程度，随着氯浓度的增加，R_{ct} 的值几乎呈线性增加，氯离子浓度增加 250mg/L，R_{ct} 值增加约 $0.34\Omega \cdot cm^2$。因此，很明显，氯的存在使阳极反应进行变困难。

4.4.2.2　Tafel 测试

为了进一步研究氯对 Pb-Ag 阳极析氧行为的影响机理，在恒流极化 72h 后，进行了 Tafel 测试。修正后的 Tafel 曲线如图 4-12 所示。采用 Origin 对各曲线进行分段线性拟合，得到的 Tafel 斜率见表 4-2。

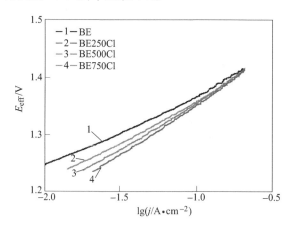

图 4-12　Pb-Ag 阳极在不同氯浓度的 H_2SO_4 溶液中恒流极化过程中阳极电位的变化

表 4-2　图 4-12 所示的 Tafel 曲线分段线性拟合结果

电解液编号	低过电位区/mV · dec^{-1}	高过电位区/mV · dec^{-1}
BE	119	165
BE250Cl	132	185
BE500Cl	150	192
BE750Cl	163	202

铅阳极在服役过程中电流密度约为 $500A/cm^2$，对应于低 Tafel 斜率区。因此，在此主要讨论低过电位区氯对析氧反应 Tafel 斜率的影响。由表 4-2 可见，在 BE 溶液中，低过电位区间 Tafel 斜率为 119mV/dec，说明析氧反应的速率控制步骤为析氧反应活性物质在活性位点上的吸附和中间产物的生成步骤[2]。随着氯

浓度的增大，低过电位区的 Tafel 斜率依次增大，这意味着氯的引入使活性物质在活性位点的吸附和中间产物的生成变难。这与 EIS 的结果是一致的，即析氧反应中间产物数量减少。

4.4.3　氯对析氧反应影响机制

根据分析，析氧反应发生在膜层/电解液界面。该界面上活性物质数量的多少受多个因素的影响。（1）氧化膜层的表面积，表面积越大，反应场所越多，吸附的活性物质数量越多；（2）氧化膜层表面 PbO_2 的含量，析氧活性位点的生成必须有 PbO_2 的参与，PbO_2 的含量越大，析氧反应活性位点越多，这些位点上吸附的活性物质的数量越多；（3）电解液中的杂质离子，电解液中离子，尤其是阴离子，有可能选择性吸附在活性位点，导致可利用的活性位点数量减少，从而影响界面上吸附的活性物质的数量。结合前面的研究，我们已经清楚，含氯溶液中，氧化膜层平整度高，PbO_2 区域方形微孔少，膜层表面积小，这是 C_{dl} 小的一个原因。另外，含氯溶液中生成的膜层中 PbO_2 含量少，膜层/电解液界面活性位点数量更少，这也是 C_{dl} 小的一个原因。

根据前文可知，溶液中的杂质离子，尤其是阴离子，有可能参与双电层的构建，进而影响析氧反应。因此，需要检验 Cl^- 是否参与双电层的构建，是否挤占析氧活性位点。我们进行了下面的实验：先将 Pb-Ag 阳极在 BE 溶液中极化 72h，然后依次添加 Cl^-，分 3 次加入，每加入一次 Cl^- 立即进行 EIS 测试。在这个模式下，新加入的 Cl^- 短时间内对膜层的表面积和 PbO_2 含量均无影响。从而可以根据 EIS 图谱的变化来判断 Cl^- 是否在反应界面处吸附甚至参与阳极反应。EIS 图谱如图 4-13 所示。

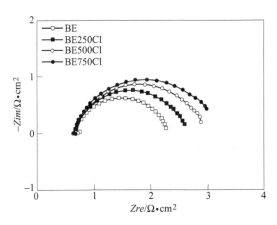

图 4-13　Pb-Ag 在 160g/L H_2SO_4 溶液中极化 72h 后，每次添加 Cl^- 后测试的 EIS 图谱

由图 4-13 可见，每次加入 250mg/L Cl^- 后 EIS 图谱的容抗弧半径都有所增加。

对比图 4-13 和图 4-11 可以发现，两种模式下，氯浓度增加，EIS 阻抗图谱中容抗弧半径的变化几乎是一样。这意味着，排除 Cl^- 对氧化膜层表面积和物相组成的影响，溶液中的 Cl^- 对阳极反应动力学依然有很大的影响。因此，可以推断，Cl^- 参与了双电层的构建，Cl^- 有可能挤占析氧活性位点，使得析氧反应的 C_{dl} 值减小，析氧反应 R_{ct} 增大。因此，氯与氟对析氧反应的影响有着显著的差异，氟并不会参与双电层构建。氟对析氧反应的影响主要通过改变阳极膜层形貌和物相来实现的。氯除了改变阳极膜层形貌和物相组成，还可参与电极反应双电层的构建，改变双电层结构，从而影响电极反应的进行。

　　为了进一步探索 Cl^- 对阳极反应影响的可能途径，我们改变 Cl^- 的添加时间，分析不同情况下阳极电位的变化，研究 Cl^- 的加入顺序对 BE 溶液中生长的氧化膜层的影响。图 4-14 给出了氯对 BE 溶液预先极化 24h 的 Pb-Ag 阳极的电位的影响。Pb-Ag 极化 24h 后，往电解液中加入 Cl^-（以 NaCl 溶液的形式），电磁搅拌 5min，溶液中 Cl^- 浓度为 500mg/L。

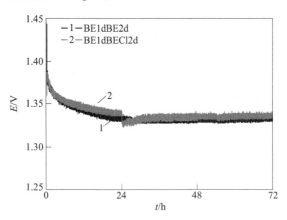

图 4-14　Pb-Ag 阳极在两种恒流极化模式下阳极电位的变化

　　如图 4-14 所示，Cl^- 引入后，阳极电位降低约 10mV。根据上文的分析，EIS 和 Tafel 分析均表明 Cl^- 参与双电层构建，减少双电层 C_{dl}，增加析氧反应的传荷阻抗，氯的存在对析氧反应不利。理论上阳极电位应该随 Cl^- 的加入而上升。然而阳极电位却随氯的加入迅速降低。这两者看起来是相互矛盾的。因此，需要进一步讨论 Cl^- 对析氧反应和阳极电位的影响机制。

4.4.4　氯降低阳极电位的原因探讨

　　在已有文献报道中关于含氯溶液中铅阳极电位降低的解释主要有两种：一种解释是 Cl^- 加速铅阳极基底的腐蚀会导致阳极电位的降低，这是因为，腐蚀反应在更低的电位下进行，消耗一部分阳极电流，降低析氧反应极化，进而降低阳极电位；另一种解释是 Cl⁻ 参与析氯副反应，同样消耗阳极电流，从而降低析氧反应极化，降低阳极电位。

由图 4-14 可知，基本可以排除 Cl⁻ 加速基底的腐蚀的影响，因为刚加入的 Cl⁻ 需要一定时间才能扩散到基底/膜层界面，进而加速基底腐蚀。因此，加入 Cl⁻ 后阳极电位立即降低的原因应该是 Cl⁻ 在电极表面参与了析氯副反应，消耗部分电流，减少析氧反应的电流，减小析氧反应的极化程度，降低阳极电位。因此，进行析氯副反应是含氯溶液中阳极电位降低的一个原因。

然而，有趣的是，随着极化时间的延长，阳极电位缓慢上升，6h 后电位达到稳定值，电位与 BE 溶液中的电位相当。可以猜测，随着极化时间延长，24h 时加入的 Cl⁻ 对膜层的结构和成分有可能造成了影响，尤其是对膜层表面造成了较大的影响。为了验证这个猜测，我们对图 4-14 所示两种模式极化 72h 的 Pb-Ag 阳极进行了 CP 测试，以研究 24h 时加入的 Cl⁻ 对膜层成分的影响。CP 曲线如图 4-14 所示。

图 4-15 所示为 Pb-Ag 在 BE1dBE2d 和 BE1dBECl2d 两种模式下极化 72h 后的阴极还原 CP 曲线。可以看出，24h 时加入的 Cl⁻ 在随后的 48h 恒流极化过程中对膜层的成分有较大的影响。最为明显的是，24h 时加入的 Cl⁻ 减少了膜层中 PbO₂ 的含量。这可以解释为什么加入 Cl⁻ 后阳极电位骤降后逐步上升。

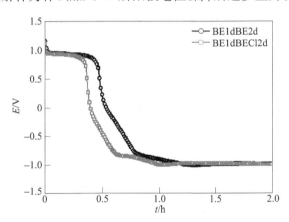

图 4-15 Pb-Ag 在图 4-14 所示的两种模式下极化 72h 后恒流还原 CP 曲线

仔细观察图 4-14 还可以发现一个有趣的问题，由图 4-9 可以发现，BE 溶液和 BE500Cl 溶液中极化 72h 后阳极电位相差 35mV 左右。而图 4-14 中，极化末期，BE1dBE500Cl2d 的电位略高于 BE1dBE2d 的电位。按照前面的分析，Cl⁻ 是通过参与副反应而降低阳极电位的，那么 BE1dBE500Cl 的电位应该低于 BE1dBE2d 的电位。尽管从图 4-15 可以看出，BE1dBE500Cl 电位略高于 BE1dBE2d 电位可以由 PbO₂ 含量减少来解释。但前文已经发现，氯降低膜层

PbO$_2$ 含量，但含氯体系阳极电位依然大大低于 BE 溶液。因此，上面的解释显然不够说服力。

由膜层截面形貌可知，氯的存在大大降低氧化膜层的厚度。可以大胆猜测，Cl$^-$ 还可能通过减少氧化膜层厚度，降低电子隧穿的阻力，从而降低阳极电位。按照这个猜测可以很好地解释图 4-13 和图 4-9 的差别。BE1dBE500Cl2d 极化模式下，24h 后，膜层的厚度与 BE1d 相当。氯加入后，由于析氯副反应，电位骤降 10mV。随后极化过程中，膜层的厚度变化不大，膜层 PbO$_2$ 含量减少，阳极电位慢慢上升，极化末期电位略高于 BE1dBE2d。而在 BECl 体系持续极化模式下，氧化膜层厚度小，因此阳极电位远远低于 BE 体系。因此，膜层厚度低很可能是含氯体系下阳极电位低的一个重要原因。

4.5　本章小结

本章研究了不同氯浓度的 H$_2$SO$_4$ 溶液中 Pb-Ag 阳极的电化学反应，氧化膜层形貌、结构和物相，基底腐蚀形貌，阳极电位和析氧反应动力学参数。通过比较 Pb-Ag 在 BE 溶液和含氯溶液中的测试结果，认识清楚了氯对这些性能的影响，以及这些影响随氯浓度增加的变化规律。结合 Pb-Ag 阳极在不同氯浓度的 H$_2$SO$_4$ 溶液中膜层性质、析氧行为和腐蚀行为，分析归纳了氯对 Pb-Ag 阳极腐蚀和析氧行为的影响机制。得到的主要结论如下：

（1）含氯 H$_2$SO$_4$ 溶液中，膜层表面呈现胶结状。随着氯浓度的增大，膜层表面胶结形貌特征更加明显，平整度增加。微观上，膜层表面分布的方形微孔减少。在高氯溶液中，胶结区域出现裂缝。整体上看，氯的存在使膜层紧密层厚度减小，紧密层致密度与 BE 体系的相当。氯浓度为 500mg/L 时，膜层疏松层孔洞和空隙多，致密度差，紧密层厚度最小。

（2）氯的存在加剧基底的腐蚀，随着氯的浓度的增加，腐蚀深度增大，基底腐蚀不均匀程度增大，局部腐蚀严重。在 BE500Cl 溶液中，腐蚀最为严重，与该溶液中紧密层厚度最小，疏松层孔洞多，致密度低有关。氯加剧基底的腐蚀主要是由膜层中紧密层厚度减小导致的。氯对 Pb-Ag 阳极腐蚀的影响小于氟。

（3）氧化膜层主要物相成分为 PbO$_2$、PbSO$_4$ 以及少量的 PbO$_n$ 和 PbO·PbSO$_4$。相较 H$_2$SO$_4$ 溶液，在含氯溶液中生长的氧化膜层 PbO$_2$ 含量明显减少，PbSO$_4$、PbO$_n$ 和 PbO·PbSO$_4$ 含量少量增加。氟、氯对膜层物相的影响是一样的。

（4）氯对析氧反应具有不利的影响，氯对析氧行为的影响机制为：氯的存在减少氧化膜层的 PbO$_2$ 含量并减小氧化膜层表面积；Cl$^-$ 还可能参与双电层的构建，而且后者占主导作用。在上述两种影响作用下，氧化膜层/电解液界面析氧反应活性位点数量减少，生成的中间产物数量减少。导致析氧传荷阻抗大，析氧反应过电位大。尽管氯不利于析氧反应，但是阳极电位随氯浓度增加反而降低，这与含氯体系氯参与析氯副反应和氯降低膜层厚度有关。析氯反应消耗部分阳极电流，减少阳极极化，从而降低阳极电位。膜层厚度减小，电子隧穿阻力变小，阳极极化减小，从而降低阳极电位。

参 考 文 献

[1] Cifuentes L, Astete E, Crisóstomo G, et al. Corrosion and protection of lead anodes in acidic copper sulphate solutions [J]. Corrosion Engineering, Science and Technology, 2005, 40 (4): 321~327.

[2] Li Y, Jiang L, Liu F, et al. Novel phosphorus-doped PbO_2-MnO_2 bicontinuous electrodes for oxygen evolution reaction [J]. RSC Advances, 2014, 4 (46): 24020~24028.

5 Mn²⁺ 对铅阳极在含氟（氯）硫酸溶液中性能的影响

5.1 引言

第 3 章和第 4 章分别介绍了氟和氯对 Pb-Ag 阳极在 H_2SO_4 溶液中氧化膜层性质、析氧反应和腐蚀行为的影响。研究发现，溶液中氟使氧化膜层致密度降低，氟还在极化初期加速 Pb^{2+} 的溶出。因此，含氟溶液中，Pb-Ag 阳极基底的腐蚀孔洞增多，孔径增大，腐蚀深度增大。溶液中氯会减小氧化膜层厚度，增加溶液与基底的接触概率。因此，在含氯溶液中，Pb-Ag 基底的腐蚀坑数量增多。总体上，氟、氯均会加剧 Pb-Ag 阳极基底的腐蚀，其中氟的影响尤其明显。此外，氟、氯均减少氧化膜层中 PbO_2 含量，减少氧化膜层/溶液界面上析氧活性位点的数量和析氧反应中间活性物质的数量，增加析氧传荷阻抗，对析氧反应不利。

随着电解液中氟、氯浓度的增加，氟、氯对铅阳极腐蚀和析氧反应的不利影响将逐渐凸显。为减少氟、氯对铅阳极的腐蚀，锌冶炼工业普遍提高电解液中 Mn^{2+} 浓度以减轻氟、氯带来的不利影响。然而，Mn^{2+} 改善铅阳极在含氟、氯电解液中性能的原因还不明晰。因此，有必要研究 Mn^{2+} 对铅阳极在含氟、氯 H_2SO_4 溶液中的电化学行为的影响，研究 Mn^{2+} 对铅阳极在含氟、氯电解液中氧化膜层性质、腐蚀反应和析氧反应的影响，探索 Mn^{2+} 对铅阳极在含氟、氯电解液中的腐蚀行为的影响路径。

5.2 Mn²⁺ 对 Pb-Ag 阳极氧化膜层和腐蚀行为的影响

已有大量的文献报道了 Mn^{2+} 对铅阳极在 H_2SO_4 溶液中氧化膜层成膜过程、膜层形貌和结构的影响。本节主要研究 Mn^{2+} 对含氟（氯）H_2SO_4 溶液中氧化膜层表面形貌和内部结构的影响，认识清楚 Mn^{2+} 对 Pb-Ag 阳极在含氟（氯）溶液中氧化膜层性质和基底腐蚀行为的影响。

5.2.1 表面形貌

为探索 Mn^{2+} 对 Pb-Ag 阳极在含氟、氯 H_2SO_4 溶液中氧化膜层的影响，首先需要了解 Mn^{2+} 对 Pb-Ag 阳极在 H_2SO_4 溶液中膜层性质的影响。图 5-1 给出了 Pb-Ag 在不同 Mn^{2+} 浓度的 H_2SO_4 溶液中恒流极化 72h 过程中生成的氧化膜层的表面形貌和基底的腐蚀形貌。特别注意的是，阳极烘干过程中，大量的疏松膜层已经脱落。图 5-1 所示为残留在阳极表面的氧化膜层的形貌。在 BE2Mn 溶液中生成的氧化膜层表面呈现不连续的结核状颗粒（见图 5-1（a）），这些黑色的颗粒为 MnO_2。MnO_2 周围膜层形貌与 BE 溶液相似，但平整度有所提高。在该溶液中极化后，基底呈现大量的腐蚀坑。在 BE4Mn 溶液中（见图 5-1（c）），氧化膜层呈现明显的双层结构，表面是平整致密的 MnO_2 层。图中缺失的 MnO_2 层是在烘干过程中脱落的。相较 BE2Mn 溶液，BE4Mn 溶液中的基底平整区域面积稍大，腐蚀略轻。在 BE6Mn 溶液中，MnO_2 膜层致密度进一步提高，而且 MnO_2 膜层表面非常光滑。从基底腐蚀形貌看，与 BE4Mn 溶液中的形貌相似，腐蚀深度与 BE4Mn 溶液相当。

　　Mn^{2+} 的加入使氧化膜层表面覆盖一层 MnO_2 层。随着 Mn^{2+} 浓度的增加，MnO_2 由离散的结核状变成连续的片状。随着 Mn^{2+} 浓度的增加，MnO_2 表面变致密平整，基底的腐蚀坑数量略有减少。在实验室短时间极化条件下，Mn^{2+} 浓度增加对 Pb 阳极的基底的保护作用并不明显改善。

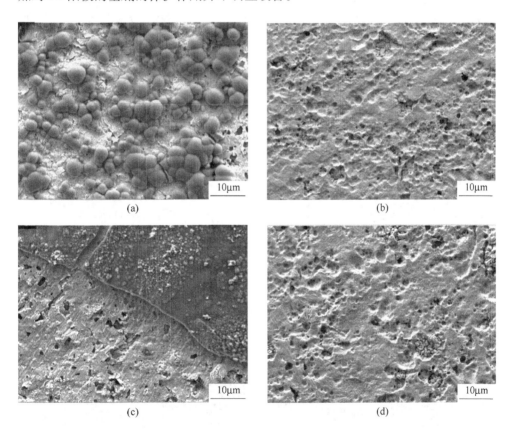

　　　　　　(a)　　　　　　　　　　　　　　　　(b)

　　　　　　(c)　　　　　　　　　　　　　　　　(d)

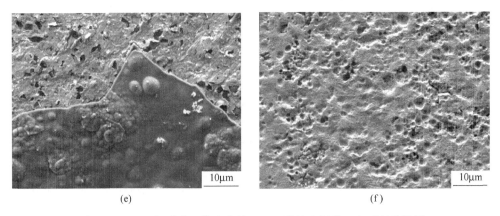

(e)　　　　　　　　　　　　　　　　　　(f)

图 5-1　Pb-Ag 在不同 Mn^{2+} 浓度的 H_2SO_4 溶液中极化 72h 后氧化膜层
（a，c，e）与基底（b，d，f）形貌图
（a），（b）2g/L Mn^{2+}；（c），（d）4g/L Mn^{2+}；（e），（f）6g/L Mn^{2+}

图 5-2 所示为 Pb-Ag 在 BEF、BECl、BEFMn 和 BEClMn 四种溶液中恒流极化过程中生成的氧化膜层的形貌。图 5-2（e）、（f）所示分别为图 5-2（c）、（d）中 MnO_2 层脱落区域的氧化膜层形貌。

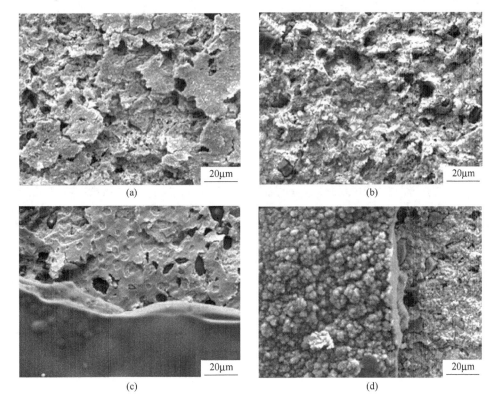

(a)　　　　　　　　　　　　　　　　　　(b)

(c)　　　　　　　　　　　　　　　　　　(d)

图 5-2　Pb-Ag 在不同杂质 H$_2$SO$_4$ 溶液中恒流极化过程生成的氧化膜层的表面形貌

（a）BEF；（b）BECl；（c）BEFMn；（d）BEClMn；（e）BEFMn（底部膜层）；（f）BEClMn（底部膜层）

　　从图 5-2 可以看出，在 BEF 溶液中，氧化膜层表面呈鳞片状，鳞片与膜层主体结合很差，膜层疏松多孔。在 BECl 溶液中，氧化膜层呈胶结状，膜层表面平整度较高，致密度高于 BEF 溶液。在 BEFMn 和 BEClMn 溶液，氧化膜层呈双层结构，由表面的 MnO$_2$ 膜层和底部膜层组成。图中黑色区域为 MnO$_2$ 膜层，灰色区域为底部膜层。在服役过程中，氧化膜层均被 MnO$_2$ 膜层覆盖。在样品烘干过程中，部分 MnO$_2$ 层脱落，所以显示出图 5-2（c）、（d）所示的形貌特征。在 BEFMn 溶液中（见图 5-2（c）、（e）），MnO$_2$ 层平整致密，表面光滑。在 BEClMn 溶液中（见图 5-2（d）），MnO$_2$ 表面分布有大量的颗粒物，这些颗粒聚集成簇状，MnO$_2$ 层表面粗糙度大。尽管图 5-2（c）所示区域 MnO$_2$ 表面没有颗粒物，但在其他倍数 SEM 图像中同样可观察到颗粒物。图 5-2（e）、（f）给出了 MnO$_2$ 层脱落区域的膜层形貌，可以看出，在 BEFMn 和 BEClMn 溶液中，底部膜层的形貌继承了阳极在 BEF 和 BECl 溶液中氧化膜层表面形貌特征。在 BEFMn 溶液中（见图 5-2（e）），底部膜层表面也出现鳞片，与 BEF 溶液中的氧化膜层表面的鳞片相似，但是鳞片数量远远小于 BEF 溶液。由于表面还有 MnO$_2$ 层覆盖，这些鳞片很薄，而且贴合在膜层表面，与底部膜层主体结合较好，底部膜层表面平整度高。在 BEClMn 溶液中（见图 5-2（f）），底部膜层同样呈现 BECl 溶液中膜层的胶结状形貌特征。膜层表面平整，未出现明显裂缝，表面致密度高于 BECl 溶液中的。总体上看，Mn^{2+} 的存在使氧化膜层呈双层结构，即外部 MnO$_2$ 膜层和底部膜层，底部膜层形貌与无 Mn^{2+} 溶液中的形貌相似。由于 MnO$_2$ 层的覆盖，底部膜层表面平整，致密度有所提高。

　　图 5-3 显示的是在烘干过程中从电极表面脱落的氧化膜层的形貌。由于在 BEFMn 和 BEClMn 溶液中生成的氧化膜层的脱落部分形貌相似，此处仅取一组图片进行分析。图 5-3（a）所示为与电解液接触的膜层表面，表面可以观察到大量

的颗粒簇状物。断面显示，MnO₂层内部十分致密。图5-3（b）所示为脱落膜层与底部膜层的接触面。可以发现，外部MnO₂层与底部膜层的接触面呈现颗粒状，接触面较平整。这些颗粒状与底部膜层的孔洞相互咬合，使得MnO₂层与底部膜层有效的结合。但是这种结合强度不高，一旦电解液突破MnO₂保护层，H_2SO_4溶液与底部PbO_2等铅的氧化物反应，由于PbO_2与$PbSO_4$的摩尔体积不同，导致底部膨胀，大大破坏MnO₂层与底部膜层的结合，进而导致MnO₂的脱落。PbO_2转变成$PbSO_4$后，由于$PbSO_4$导电性差，外部MnO₂膜层与底部膜层的电接触减弱，结合强度也会大大降低。此外，电解液直接与底部PbO_2等接触，也可在这些区域进行析氧反应，在氧气气泡的冲击下，也容易导致膜层脱落[1]。总的来说，MnO₂膜层与底部膜层的结合强度取决于底部膜层的物相组成、导电性和致密度等，而这些又与MnO₂膜层的致密度有密切关系。

(a)　　　　　　　　　　　　　　　　(b)

图5-3　Pb-Ag在含Mn^{2+} H_2SO_4溶液中恒流极化过程生成的氧化膜层

（干燥过程脱落的膜层）形貌

（a）与电解液的接触面；（b）与底部膜层的接触面

由MnO₂层的形貌图可以发现，MnO₂层表面有些区域平整光滑，而有些区域呈颗粒簇状。有必要进一步研究两种区域的物相组成的差异。对这些区域分别进行EDS元素分析，结果如图5-4所示。由图可知，光滑区域与颗粒簇状区域的主要元素都是Mn和O，证明这些都是MnO₂，只是形貌不一。

5.2.2　内部结构

氧化膜层的内部结构不仅影响膜层的导电率和膜层对基底的保护性能，更影响整个膜层的稳定性。因此有必要探讨Mn^{2+}对Pb-Ag阳极在含氟（氯）溶液中氧化膜层内部结构的影响。内部结构主要考察氧化膜层内部的空隙、孔洞、裂缝等的数量和分布，膜层与基底的结合方式以及膜层不同部分间的结合方式。对比无Mn^{2+}和含Mn^{2+}体系氧化膜层内部结构有助于理解Mn^{2+}对阳极性能，尤其是腐蚀性能的影响机制。

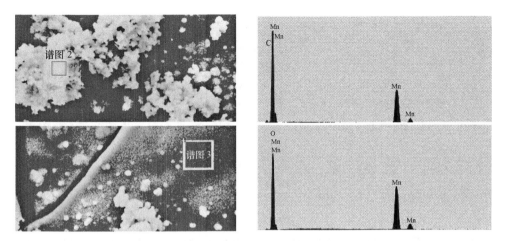

图 5-4　外部 MnO$_2$ 膜层表面不同区域的 EDS 元素分析

　　采用"封装固定—打磨抛光"的方法制备了极化后 Pb-Ag 阳极地横截面试样。为了较好地保护膜层，尽可能展现膜层的真实结构，阳极从电解液取出后立即用纯水冲洗干净，自然风干（尽量避免热烘，热烘会加剧膜层破裂分解），然后用树脂将膜层封装固定。经打磨抛光获取膜层的截面。图 5-5 给出了在不同杂质的 H$_2$SO$_4$ 溶液中极化后氧化膜层的截面形貌。

　　图 5-5（a）所示为 BEF 溶液中氧化膜层的截面形貌，图中下半部分灰白色区域为 Pb-Ag 合金基底，顶部黑色部分是树脂，中间部分的灰色区域为氧化膜层。膜层厚度较大（约 20μm），无明显的疏松层，膜层内部出现较多孔洞，致密度较差。在 BECl 溶液中（见图 5-5（b）），膜层厚度约为 10μm，膜层疏松层厚度较大，紧密层厚度较小，膜层总厚度远远小于 BEF 溶液。

　　在 BEFMn（见图 5-5（c）、（e））和 BEClMn（见图 5-5（d）、（f））溶液中，膜层分为底部膜层和外部膜层，外部膜层（见图 5-5（c）、（d））与底部膜层（见图 5-5（e）、（f））之间出现了很大的裂缝，在风干过程中，外部膜层与底部膜层脱离，然而底部膜层与基底结合良好。由图 5-5（c）、（d）分别可以清晰地看到 BEFMn 和 BEClMn 溶液中外部膜层的结构。外部膜层呈现多层堆叠的结构，图中呈片状、结构致密的灰色区域为 MnO$_2$ 层。在 MnO$_2$ 层与层之间出现疏松多孔的膜层，这些区域的主要物相是 PbO$_2$ 和 PbSO$_4$。为了表述方便，将这些区域定义为 PbO$_2$-PbSO$_4$ 膜层[2]。因此，可以简单地把上述提到的外部膜层表示为 MnO$_2$/PbO$_2$-PbSO$_4$。在 BEFMn 溶液中（见图 5-5（e）），氧化膜层中 MnO$_2$ 层厚度较大，MnO$_2$ 层与层间的 PbO$_2$-PbSO$_4$ 层结构较疏松。在 BEClMn 溶液中，外层 MnO$_2$ 层厚度大，内部 MnO$_2$ 层厚度较小。非常明显的是，MnO$_2$ 层之间的 PbO$_2$-PbSO$_4$ 厚度小于 BEFMn 溶液。

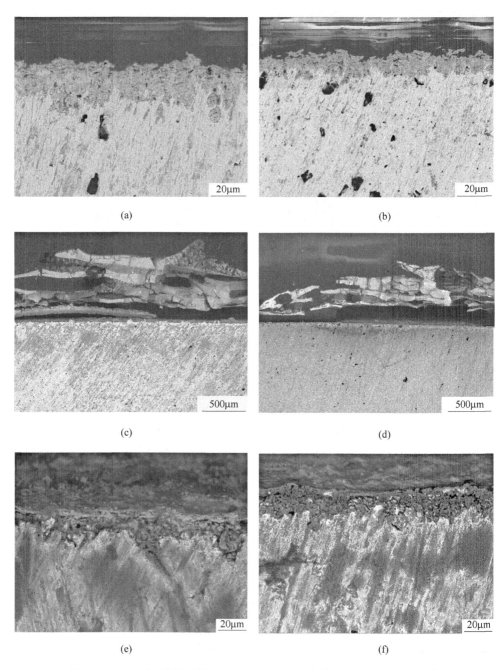

图 5-5 Pb-Ag 在不同杂质的 H_2SO_4 溶液中恒流极化 72h 后阳极截面形貌

（a）BEF；（b）BECl；（c）BEFMn（外部膜层）；（d）BEClMn（外部膜层）；

（e）BEFMn（底部膜层）；（f）BEClMn（底部膜层）

　　由分析可知，氟、氯和锰都对阳极氧化膜层的结构有很大的影响。为了进一步讨论氟、氯对含 Mn^{2+} H_2SO_4 溶液中膜层的影响，对比研究了 BEMn、BEFMn、BEClMn 和 BEFClMn 四种电解液中氧化膜层的截面形貌。如图 5-6 所示，可以发现，在含 Mn^{2+} H_2SO_4 溶液中，氧化膜层均由外部膜层和底部膜层组成。氟的存在使得 MnO_2 层变厚，MnO_2 层之间的 PbO_2-$PbSO_4$ 层厚度较 BEMn 溶液小，PbO_2-$PbSO_4$ 层结构较 BEMn 溶液更致密，孔洞更少。氯的存在使得外部 MnO_2 层厚度大，内部 MnO_2 层厚度小，MnO_2 层之间的 PbO_2-$PbSO_4$ 含量大幅减小。在 BEFClMn 溶液中，外部膜层厚度薄，MnO_2 层之间的 PbO_2-$PbSO_4$ 含量较 BEClMn 体系还小。

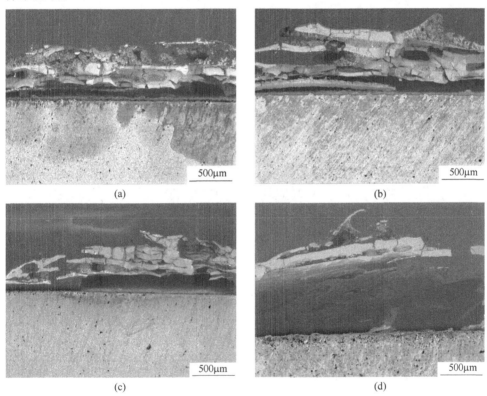

图 5-6　Pb-Ag 在不同杂质的 H_2SO_4 溶液中恒流极化 72h 后阳极截面形貌
（a）BEMn；（b）BEFMn；（c）BEClMn；（d）BEFClMn

5.2.3　腐蚀形貌

　　图 5-7 所示为 Pb-Ag 在 BEF、BECl、BEFMn 和 BEClMn 四种溶液中恒流极化 72h 后阳极基底的腐蚀形貌。在 BEF 溶液中（见图 5-7（a）），Pb-Ag 阳极基底出现大量的腐蚀孔洞，孔径大，腐蚀深度大。在 BEFMn 溶液中（见图 5-7（c）），基底同样出现大量的腐蚀孔洞，但相较 BEF 溶液，腐蚀孔洞的孔径减小，基底

的腐蚀深度明显减小。在 BECl 溶液中（见图 5-7（a）），基底呈现连续的腐蚀坑，腐蚀深度明显小于 BEF 溶液。在 BEClMn 溶液中（见图 5-7（d）），基底有较大区域平整光滑，腐蚀较轻，部分区域出现连续的细小腐蚀坑，腐蚀深度较 BECl 溶液小很多。

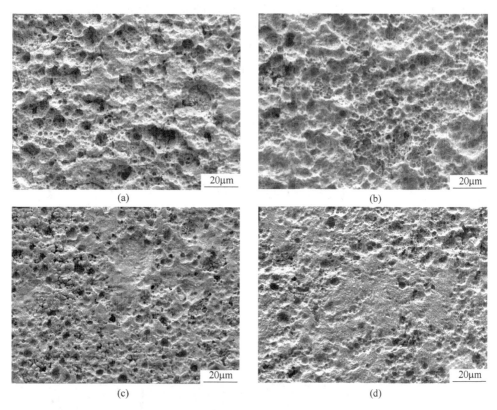

图 5-7　Pb-Ag 在不同杂质的 H₂SO₄ 溶液中恒流极化 72h 后基底腐蚀形貌

（a）BEF；（b）BECl；（c）BEFMn；（d）BEClMn

结合氧化膜层表面形貌、内部结构和基底的腐蚀形貌，可以归纳 Mn²⁺对 Pb-Ag 阳极在含氟、氯 H₂SO₄ 溶液中腐蚀行为的影响机制如下：

Mn²⁺抑制了 Pb-Ag 阳极在含氟溶液中的腐蚀。在 BEFMn 溶液中，腐蚀孔洞孔径和腐蚀深度均减小。Mn²⁺的加入使底部氧化膜层表面生长了一层外部膜层，底部膜层表面的鳞片数量大大减少，鳞片与底部膜层主体结合较好，底部膜层表面致密度提高。此外，外部膜层中 MnO₂ 层致密，为合金基底提供了额外的保护。基底与电解液的接触概率大大降低，阻碍了氟离子对基底的腐蚀过程。

Mn²⁺同样抑制了氯对 Pb-Ag 阳极的腐蚀，在 BEClMn 溶液中，基底腐蚀坑数量明显减少，基底平整区域面积大，基底腐蚀深度小于 BECl 溶液。Mn²⁺的加入使底部膜层厚度增大，膜层内部孔洞减少，致密度增加。此外，外部膜层为基底提供了额外的保护，大大减少了基底与电解液的接触概率，抑制氯对基底腐蚀。

　　整体上，Mn^{2+}可以减少 Pb-Ag 在含氟、氯 H_2SO_4 溶液中的腐蚀，提高 Pb-Ag 阳极对氟和氯的耐受能力。Mn^{2+}减少 Pb-Ag 阳极在含氟、氯溶液中的腐蚀主要原因是为基底提供了额外的外部膜层的保护，同时提高了底部膜层的致密度。对于含氯体系，Mn^{2+}还可以提高底部膜层厚度。在这些作用下，基底与电解液中的氟、氯接触的概率降低，氟、氯对合金基底的腐蚀减轻。相较抑制氟对阳极的腐蚀，Mn^{2+}的加入更有利于抑制氯对 Pb-Ag 阳极的腐蚀。

5.2.4　氧化膜层物相

　　图 5-8 所示为 Pb-Ag 在 BEMn、BEFMn、BEClMn 和 BEFClMn 四种溶液中恒流极化 72h 过程中生成的氧化膜层中底部膜层的 XRD 图谱。在阳极烘干过程中，氧化膜层表面的外部膜层大部分已经脱落，采用 XRD 检测残留膜层（底部膜层）的物相组成，如图 5-8 所示。四种溶液中底部膜层主要物相为 PbO_2，其中大部分以 $\alpha\text{-}PbO_2$ 形式存在，仅有少量以 $\beta\text{-}PbO_2$ 形式存在。此外，底部膜层中还有少量的 $PbSO_4$。比较 BEF 和 BECl 体系中氧化膜层的 XRD 图谱（见图 3-5 和图 4-6）

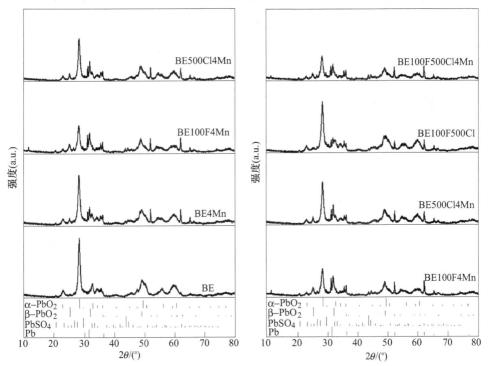

图 5-8　Pb-Ag 在不同杂质的 H_2SO_4 溶液中恒流极化 72h 后氧化膜层 XRD 图谱（底部膜层）

可知，Mn^{2+} 的加入大大降低 PbO_2 的特征峰峰强。Mn^{2+} 抑制 Pb-Ag 在含氟、氯 H_2SO_4 溶液中 PbO_2 的生成。由图 5-8 还可以发现，在 BEMn 溶液中，底部膜层的 PbO_2 含量比 BE 溶液中的含量稍小，而 $PbSO_4$ 的特征峰更加明显，峰强更高。在 BEFMn 溶液中，PbO_2 的含量远远低于 BEMn 溶液，$PbSO_4$ 的含量高于 BEMn 溶液。在 BEClMn 溶液中，PbO_2 的含量稍小于 BEMn 溶液，但较 BEFMn 体系高出许多，$PbSO_4$ 的含量与 BEMn 溶液相当。在 BEFClMn 溶液中，PbO_2 的含量比 BEFMn 溶液中的 PbO_2 含量还稍微低些。

根据 Lander[3] 的理论，PbO_2 层的生长是通过膜层中 PbO_x（$1.5 < x < 2$）与含氧物质反应实现的。这些含氧物质可以是析氧反应生成的 O 原子，也可以是氧离子（O^-，O^{2-}）。这些物质中 O 原子是扩散最快的，因为其尺寸最小。在无 Mn^{2+} 溶液中，析氧反应在氧化膜层表面的 PbO_2 区域进行，含氧物质吸附在表面。这些物质扩散穿过 PbO_2，与 Pb^{2+} 或 PbO_x 反应生成 PbO_2。这个过程受含氧物质和 Pb^{2+} 在氧化膜层中传输控制。在含 Mn^{2+} 电解液中，析氧反应在 MnO_2 层表面进行，含氧物质必须穿过 MnO_2 层才能参与反应。因此，MnO_2 层相当于额外的扩散障碍，抑制 PbO_2 的生成。M. Mohammadi[4] 则认为，PbO_2 的生长是 $PbSO_4$ 等溶解的 Pb^{2+} 在 PbO_2 表面放电生成的，MnO_2 层覆盖在 PbO_2 表面，阻碍 Pb^{2+} 的扩散，从而抑制 PbO_2 的生长。Yu 和 O'Keefe[2] 甚至认为，Mn^{2+} 与 PbO_2 反应，生成 MnO_2，因此导致膜层中 PbO_2 的含量较少。这些都可以解释 Mn^{2+} 的存在大大减少氧化膜层中 PbO_2 的含量。

5.3 阳极泥分析表征

在含 Mn^{2+} H_2SO_4 溶液中恒流极化过程中，阳极表面的氧化膜层厚且疏松，在电解液流动、氧气冲刷作用下，膜层容易脱落进入电解液，形成阳极泥。通过研究不同电解液中阳极泥的数量，可以推测不同溶液中氧化膜层的稳定性。比较 BEFMn 和 BEClMn 溶液中阳极泥数量和 Mn^{2+} 的贫化行为，可以获得 Mn^{2+} 对 Pb-Ag 阳极在含氟、氯电解液中氧化膜层的稳定性的影响。

在四种电解液中恒流极化 72h 后，收集每组实验后电解槽底部的阳极泥浆。重复四组实验，将收集的泥浆倒入量筒，阳极泥浆沉降 12h 后的照片如图 5-9 所示。可以明显发现，在含 Mn^{2+} H_2SO_4 溶液中，氟和氯的引入大大减少了阳极泥的生成。为了使数据更加精确，我们将阳极泥浆进行烘干脱水，然后分别称重，结果见表 5-1。在 BEFMn 溶液中，阳极泥数量不到 BEMn 溶液中的一半，BEClMn 溶液中的阳极泥质量又低于 BEFMn 溶液，而 BEFClMn 溶液中的阳极泥质量最小。

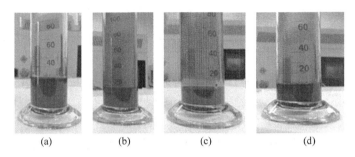

图 5-9 四种溶液中恒流极化（四组实验累积）后收集电解槽中的阳极泥浆
(a) BEMn；(b) BEFMn；(c) BEClMn；(d) BEFClMn

表 5-1 Pb-Ag 在不同杂质溶液中极化（四组实验累积）生成的阳极泥质量 （g）

电解液编号	BEMn	BEFMn	BEClMn	BEFClMn
阳极泥质量	1.283	0.543	0.485	0.405

阳极泥的数量间接反映了氧化膜层的稳定性，尤其是前文提到的 MnO_2/PbO_2-$PbSO_4$ 外部膜层的稳定性。氧化膜层的外部膜层为 MnO_2 和 PbO_2-$PbSO_4$ 堆叠而成。PbO_2-$PbSO_4$ 的厚度与结构严重影响 MnO_2/PbO_2-$PbSO_4$ 膜层的稳定性。这是因为：PbO_2-$PbSO_4$ 结构疏松多孔，与 MnO_2 的结合较差。在极化过程中，如果 MnO_2 层出现裂缝等，溶液与 PbO_2 接触，导致 PbO_2 向 $PbSO_4$ 转变，体积发生膨胀，MnO_2 层与层之间内压增大，将导致膜层的脱落。此外，$PbSO_4$ 的导电性差，降低 MnO_2 与 PbO_2-$PbSO_4$ 的电接触，使 MnO_2 与 PbO_2-$PbSO_4$ 结合强度大大降低，进而导致膜层的脱落。因此，PbO_2-$PbSO_4$ 的含量越少、厚度越小、结构越致密，MnO_2/PbO_2-$PbSO_4$ 外部膜层的稳定性越好。

结合上面的分析，膜层的稳定性很大程度上受 MnO_2 层之间的 PbO_2-$PbSO_4$ 的结构和厚度影响。截面形貌显示，在 BEFMn 溶液中，MnO_2 层与层间的 PbO_2-$PbSO_4$ 数量小于 BEMn 溶液，而在 BEClMn 和 BEFClMn 溶液中，PbO_2-$PbSO_4$ 的数量则进一步减少，几乎看不到疏松多孔的 PbO_2-$PbSO_4$ 层。所以 BEMn、BEFMn、BEClMn、BEFClMn 四个溶液中的 MnO_2/PbO_2-$PbSO_4$ 外部膜层稳定性依次升高，外部膜层脱落的概率和频次依次降低，这个结果与阳极泥数量的结果吻合，很好地印证了上面的分析。

在含 Mn^{2+} H_2SO_4 溶液中，MnO_2 的生长是在 PbO_2 表面进行的，这也就可以解释为什么外部膜层呈现 MnO_2/PbO_2-$PbSO_4$ 的结构。从第 3 章和第 4 章可知，氟和氯均可以减少氧化膜层中 PbO_2 的含量。由于氟（氯）的存在，膜层中 PbO_2 的生长受抑制，所以在 BEFMn、BEClMn 和 BEFClMn 溶液中 MnO_2 层之间的 PbO_2-$PbSO_4$ 层厚度不断减小，进而有效提高 MnO_2/PbO_2-$PbSO_4$ 的稳定性。这个结果说明，Mn^{2+} 在改善 Pb-Ag 阳极耐受氟、氯的同时，电解液中的氟、氯还有利于提高外部膜层的稳定性，Mn^{2+}的消耗量可以保持在较低水平。

5.4　阳极电位

由前文可知，电解液中加入 Mn^{2+} 可以提高 Pb-Ag 阳极对氟、氯的耐受能力。在含 Mn^{2+} H_2SO_4 溶液中，阳极电位往往变化幅度比较大，出现阳极电位震荡的现象。因此，需要考察 Mn^{2+} 的加入对铅阳极电位和电极稳定性的影响。综合考虑 Mn^{2+} 对 Pb-Ag 阳极腐蚀性能、阳极电位和电极稳定性的影响，评价通过提高 Mn^{2+} 浓度改善铅阳极耐氟、氯性能的可行性。在本章，我们没有采用 EIS 和 Tafel 方法来研究析氧反应动力学。这是因为，在含 Mn^{2+} 溶液中，氧化膜层稳定性差，EIS 和 Tafel 测试结果受随机性影响大，很难反映阳极的真实情况。此外，EIS 和 Tafel 均是准稳态测试，要求电极反应具有较高的稳定性[5]。而在含 Mn^{2+} 溶液中，电位不断震荡，膜层也常常发生脱落等，因此，很难获得有分析意义的 EIS 和 Tafel 数据。

图 5-10 所示为 Pb-Ag 阳极在不同 Mn^{2+} 浓度 H_2SO_4 溶液中阳极电位的变化。在 BE 溶液中，极化初期阳极电位快速降低，12h 后达到稳定值，随后阳极电位变化很小。在含 Mn^{2+} 溶液中，极化初期阳极电位均远低于 BE 溶液。这是因为在极化初期 MnO_2 大量生成，降低阳极极化。随着 MnO_2 的生长，膜层变厚，膜层导电性变差，所以阳极电位逐步上升，并超过 BE 溶液。由图 5-10 可知，当 Mn^{2+} 浓度低于 4g/L 时，阳极电位出现小幅震荡；当 Mn^{2+} 浓度为 6g/L 时，阳极电位震荡幅度增大，而且电位出现大幅度跃变。这些电位跃变是由膜层的剥落所致。膜层剥落瞬间，阳极电位大幅降低，随后电位缓慢上升。可以推断，膜层脱落，整个膜层厚度减小，膜层电阻减小，加上 MnO_2 脱落后，疏松多孔 PbO_2（$PbSO_4$）层裸露，增加膜层表面积，使得阳极电位有较大幅度的降低。随后，膜层表面重新生长 MnO_2 层，随着 MnO_2 厚度增加，电位逐步攀升。比较不同 Mn^{2+} 浓度

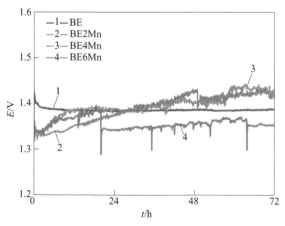

图 5-10　Pb-Ag 在不同 Mn^{2+} 浓度的 H_2SO_4 溶液中恒流极化过程中阳极电位的变化

H_2SO_4 溶液中阳极电位的变化可以发现，溶液中 Mn^{2+} 浓度增加，膜层的稳定性有所降低。

图 5-11 对比了 BEMn、BEFMn、BEClMn 和 BEFClMn 四种溶液中阳极电位的变化。由图可知，在 BEFMn 溶液中，极化到 38h 时，出现电位"断崖"式跃变，尽管跃变后电位与 BEMn 的稳定电位相当，但平均电位高于 BEMn 溶液。在 BEClMn 溶液中，阳极电位虽然出现大量"毛刺"，电位骤降后电位很快就恢复。在膜层表面形貌（见 5.2.1 节）研究中，我们发现 BEClMn 溶液中膜层表面有大量颗粒簇状的 MnO_2，可以猜测，这些电位"毛刺"可能是颗粒簇状物的脱落导致的。阳极平均电位低于 BEMn 溶液，低约 40mV。在 BEFClMn 溶液中，阳极平均电位最高，但电位震荡幅度很低，说明膜层稳定性好，这与该体系中阳极泥数量最少相互印证。

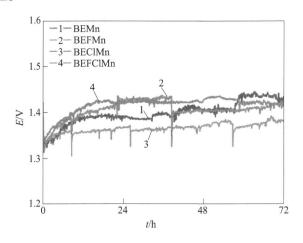

图 5-11　Pb-Ag 在不同杂质的 H_2SO_4 溶液中恒流极化过程中阳极电位的变化

图 5-12 所示为不同 Mn^{2+} 浓度对含氟 H_2SO_4 溶液中阳极电位变化的影响。在极化初期，含 Mn^{2+} 溶液中阳极电位低于 BE100F 溶液，随后阳极电位快速上升，而且在高 Mn^{2+} 浓度溶液中，阳极电位上升较快，电位高于 BE100F2Mn 溶液。有趣的是，极化一段时间后，电位都出现"断崖"式跃变，然后电位保持在较低的水平。跃变后，Mn^{2+} 浓度越高，阳极电位越低。这是因为：电位跃变后，阳极表面重新成膜，Mn^{2+} 浓度越高，MnO_2 生长越快，电位保持在较低值。但随后电位逐步攀升。整体上看，在 BEFMn 溶液中，Mn^{2+} 浓度增加，电位震荡加剧，膜层稳定性变差。在 BEFMn 溶液中出现电位"断崖"式跃变可以由该溶液下底部膜层的结构来解释。在 BEFMn 溶液中，底部膜层呈鳞片状，内部孔洞和裂缝多。底部结构非常不稳定，外部膜层与底部膜层的结合差，因此，在该溶液中，外部膜层容易整体脱落，导致电位"断崖"式跃变。

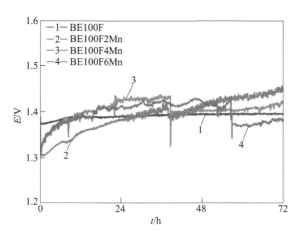

图 5-12　Pb-Ag 在不同 Mn^{2+} 浓度含氟 H_2SO_4 溶液中恒流极化过程中阳极电位的变化

　　图 5-13 所示为不同浓度 Mn^{2+} 对 Pb-Ag 阳极在含氯 H_2SO_4 溶液中阳极电位变化的影响。极化初期，含 Mn^{2+} 溶液阳极电位低于无 Mn^{2+} 溶液，然而，在含 Mn^{2+} 溶液中，阳极电位逐步上升，极化 24h 后，电位高于 BE500Cl 溶液。总体来看，Mn^{2+} 增加，阳极电位震荡加剧，平均阳极电位也有所上升。但随着 Mn 浓度的增加，对含氯溶液阳极电位的影响幅度不大，对膜层稳定性的影响幅度也低于氟-锰溶液。在高 Mn^{2+} 浓度含氯 H_2SO_4 溶液中，阳极电位波动不大，震荡幅度远远小于 BEFMn 溶液，未出现"断崖"式电位震荡。

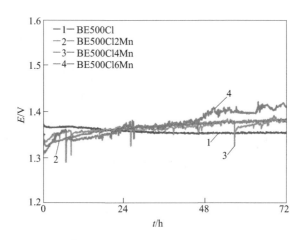

图 5-13　Pb-Ag 在不同 Mn^{2+} 浓度含氯 H_2SO_4 溶液中恒流极化过程中阳极电位的变化

　　总体上看，Mn^{2+} 的加入使 Pb-Ag 阳极的电位出现震荡现象，膜层稳定性变差。Mn^{2+}还使 Pb-Ag 阳极平均电位高于 BEF 和 BECl 溶液。对于含氟溶液，Mn^{2+}的加入阳极电位出现"断崖"式跃变，这是因为 BEFMn 溶液中底部膜层裂缝孔洞多，底部膜层与外部膜层结合差导致的。在高 Mn^{2+}浓度含氯 H_2SO_4 溶液中，阳极电位波动不大，震荡幅度远远小于 BEFMn 溶液，未出现"断崖"式电位震荡。Mn^{2+}与氯的"兼容性"较好，这可以由 BEClMn 溶液中底部膜层致密度高和外部膜层 PbO_2-$PbSO_4$ 厚度小来解释。

在截面形貌讨论部分（见 5.2.2 节），我们已经知道含 Mn^{2+} 体系膜层分为外部 MnO_2/PbO_2-$PbSO_4$ 层和底部膜层。为了加深认识 Mn^{2+} 对含氟、氯 H_2SO_4 溶液中阳极成膜过程的影响，我们改变氟（氯）和 Mn^{2+} 的添加顺序，探索 Mn^{2+}、氟和氯对膜层生长过程的影响。如图 5-14（a）所示，阳极先在 BEF 溶液中极化 24h（即 BEF1d），加入 Mn^{2+}，电位立即降低，MnO_2 膜层开始生长，随后阳极出现震荡。阳极先在 BEMn 溶液成膜（BEMn1d），加入氟后，电位变化不大，阳极电位虽在后期有毛刺状震荡，但震荡幅度小于 BEF1dBEFMn2d 的极化模式下的电位震荡幅度。相似地，在 BEMn1dClMn2d 和 BEMn1dFClMn2d 的极化模式下电位的震荡幅度均小于另一种模式下的幅度。这说明，Pb-Ag 预先在 BEMn 溶液生成膜层，后期加入的氟、氯对膜层，尤其是底部膜层的影响较小，电位震荡幅度小。而在 BEF（BECl）体系下预先极化 24h，底部膜层的生长受氟（氯）的影响，后期加入 Mn^{2+} 后，MnO_2 层的生长受底部膜层性质的影响，而且 MnO_2 层与底部膜层的结合也受到氟（氯）影响。因此，氟和氯会通过改变底部膜层的结构和物相，影响整个膜层的稳定性。

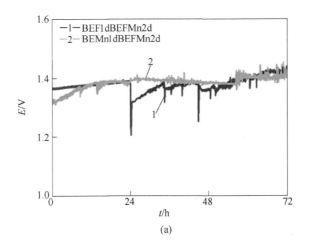

(a)

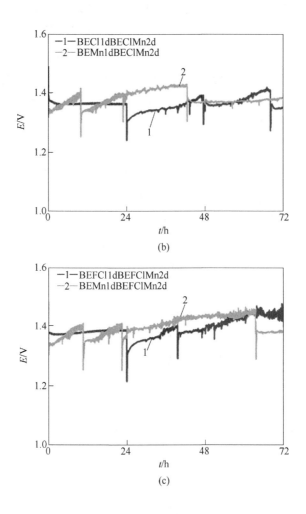

图 5-14　不同氟（氯）与 Mn²⁺ 的加入顺序条件下 Pb-Ag 阳极电位的变化

在 5.3 节中我们讨论了 MnO_2/PbO_2-$PbSO_4$ 层中 PbO_2-$PbSO_4$ 的结构和厚度对外部膜层稳定性的影响。通过分析结果可知，底部膜层的结构和物相组成同样影响膜层的稳定性。底部膜层主要影响其与整个外部膜层的结合稳定性。在实验过程中，极化 72h 后电解槽底部经常可以看到整片剥落的膜层，这是由于整个外部膜层与底部膜层的脱离所致，而细小的阳极泥则主要是 MnO_2/PbO_2-$PbSO_4$ 外部膜层中 MnO_2 和部分 PbO_2-$PbSO_4$ 脱落生成的。在 BEFMn 溶液中，底部膜层表面疏松，孔洞裂缝多。可以推测 BEFMn 体系中底部膜层与外部膜层结合最差，容易导致整个外部膜层的整体脱落，膜层对基底的保护性能较差，相应地，阳极电位中出现"断崖"式跃变。

5.5 本章小结

本章对比研究了 BEF、BECl、BEFMn 和 BEClMn 四种溶液中 Pb-Ag 阳极的氧化膜层形貌、结构和物相，基底腐蚀形貌和阳极电位。获得了 Mn^{2+} 对 Pb-Ag 阳极在含氯、氟溶液中腐蚀行为的影响机制，以及 Mn^{2+} 对 Pb-Ag 阳极电位的影响规律。此外，分析归纳了含 Mn^{2+} 溶液中氟和氯对阳极膜层稳定性和阳极电位的影响，得到的主要结论如下：

（1）在含 Mn^{2+} 溶液中，氧化膜层由外部膜层和底部膜层组成。外部膜层以 $MnO_2/PbO_2\text{-}PbSO_4$ 形式存在，即 MnO_2 和 $PbO_2\text{-}PbSO_4$ 层堆叠而成。底部膜层为与基底牢固结合的膜层。

（2）在含 Mn^{2+} 溶液中，底部膜层的表面形貌特征与无 Mn^{2+} 体系的形貌和结构相近。在 BEFMn 溶液中，Mn^{2+} 的加入使底部膜层表面的鳞片数量减少，改善鳞片与底部膜层主体结合，提高底部膜层表面致密度。此外，外部膜层中 MnO_2 层致密，为合金基底提供了额外的保护。基底与电解液的接触概率大大降低，抑制了氟离子对基底的腐蚀过程。因此，相较 BEF 溶液，BEFMn 溶液中阳极基底的腐蚀孔洞数量减少，孔径减小，腐蚀深度降低。

（3）Mn^{2+} 同样抑制了氯对 Pb-Ag 阳极的腐蚀。Mn^{2+} 的加入使底部膜层厚度增大，底部膜层内部孔洞少，致密度高。此外，外部膜层为基底提供了额外的保护，大大减少了基底与电解液的接触概率，抑制氯对基底腐蚀。因此，相较 BECl 溶液，在 BEClMn 溶液中阳极基底腐蚀坑数量明显减少，基底平整区域面积大，基底腐蚀显著减小。

（4）相较 BEF 和 BECl 溶液，Mn^{2+} 的加入减少了底部膜层 PbO_2 的含量。这是因为含 Mn^{2+} 溶液中 MnO_2 层的覆盖阻碍了 PbO_2 生长过程 Pb^{2+} 和含氧活性物质的传输，抑制 PbO_2 的生成。在 BEFMn 溶液中，膜层中 PbO_2 含量低于 BEMn 溶液，而 $PbSO_4$ 的含量较高。在 BEClMn 溶液中，PbO_2 的含量稍低于 BEMn 溶液，但较 BEFMn 溶液高。

（5）在 BEFMn 溶液中，阳极泥数量不到 BEMn 溶液中的一半，BEClMn 溶液中的阳极泥数量小于 BEFMn 溶液。这是因为，氟和氯均减少外部膜层 MnO_2 层之间的 $PbO_2\text{-}PbSO_4$ 含量，提高外部膜层稳定性。

（6）由于外部膜层稳定性较差，Mn^{2+} 的加入，阳极电位出现震荡现象。相较 BEF 和 BECl 溶液，Mn^{2+} 的加入使膜层厚度增大，膜层阻抗升高，进而使阳极电位提高。在 BEFMn 溶液中，电位出现"断崖"式跃变，平均电位高于 BEMn 溶液。在 BEClMn 溶液中，阳极电位虽然出现大量"毛刺"，电位骤降后电位很快就恢复。阳极平均电位低于 BEMn 溶液，约低 40mV。在 BEFMn 溶液中，Mn^{2+} 浓度增加，电位震荡加剧，膜层稳定性变差。对于 BEClMn 溶液，Mn^{2+} 的浓度增加对阳极电位的影响不大，Mn^{2+}浓度对膜层稳定性的影响幅度也小于 BEFMn溶液。

（7）Mn^{2+}的加入可以有效降低氟、氯对 Pb-Ag 阳极的腐蚀，但 Mn^{2+}的加入使阳极电位小幅提升，氧化膜层稳定性较差，阳极电位出现震荡现象。氯与Mn^{2+}"兼容性"较好，在高氯电解液中可以通过提高 Mn^{2+}浓度来抑制氯对 Pb-Ag阳极的腐蚀；在高氟溶液中，需要综合考虑 Mn^{2+}的加入对阳极腐蚀、氧化膜层稳定性和阳极电位影响，判断提高 Mn^{2+}浓度的可行性。

参 考 文 献

[1] Mohammadi M, Mohammadi F, Alfantazi A. Electrochemical reactions on metal-matrix composite anodes for metal electrowinning [J]. Journal of the Electrochemical Society, 2013, 160 (4): E35~E43.

[2] Broughton J N, Brett M J. Variations in MnO$_2$ electrodeposition for electrochemical capacitors [J]. Electrochimica Acta, 2005, 50 (24): 4814~4819.

[3] Lander J J. Further studies on the anodic corrosion of lead in H$_2$SO$_4$ solutions [J]. Journal of the Electrochemical Society, 1956, 103 (1): 1~8.

[4] 王树楷. 瓦斯灰回收有色金属及再资源化 [J]. 资源再生, 2009 (10): 48~50.

[5] 贾铮, 戴长松, 陈玲. 电化学测试方法 [M]. 北京: 化学工业出版社, 2006: 157~158.

6 RE 对 Pb-Ag 阳极在含氟、氯硫酸溶液中性能的影响

6.1 引言

第 3、4 章分别研究了氟（氯）对 Pb-Ag 阳极在 H_2SO_4 溶液中性能的影响。研究发现，氟、氯加剧 Pb-Ag 阳极基底的腐蚀并抑制阳极的析氧反应。为了应对氟、氯对铅阳极性能的不利影响，锌电积工业通常采用提高 Mn^{2+} 浓度来改善 Pb-Ag 在含氟、氯溶液中的性能。第 5 章研究了电解液中 Mn^{2+} 对 Pb-Ag 阳极在含氟、氯溶液中性能的影响，研究发现 Mn^{2+} 可以减缓氟、氯对 Pb-Ag 阳极的腐蚀，尤其是显著抑制氯对 Pb-Ag 阳极的腐蚀。

综述部分已经阐明，铅阳极的性能除了受外围电解液的环境（杂质离子等）和工艺参数（电流密度、温度等）的影响，本质上受合金微观结构的影响。调控和优化合金元素是改善铅阳极性能的有效途径。课题组前期研究了 Nd、Pr、Gd 和 Sm 四种稀土合金元素对 Pb 合金的金相组织、氧化膜层和析氧过程的影响，发现低 Ag 含量的 Pb-Ag-RE 阳极具有比传统 Pb-Ag（质量分数 0.8%）阳极更高的机械强度，更低的腐蚀速率和相当的阳极电位。加入微量（质量分数小于 0.1%）RE 可以减少阳极 Ag 的消耗量，同时维持甚至改善阳极的机械性能和电化学性能，是一种具有工业应用前景的阳极。

Pb-Ag-RE 在无 Mn^{2+}/含 Mn^{2+} H_2SO_4 溶液中表现出良好的电化学性能。RE 有改善 Pb-Ag 阳极在含氟、氯电解液体系中的性能的潜在可能。因此，我们需要进一步研究 Pb-Ag-RE 阳极在含氟（氯）H_2SO_4 溶液中的腐蚀和析氧行为，通过研究其在含氟、氯的真实电解环境中的性能，评估其在含氟、氯电解体系中的应用潜力和推广价值。对比 Pb-Ag（质量分数为 0.4%）和 Pb-Ag（质量分数为 0.4%）-RE（质量分数为 0.03%）在不同杂质的 H_2SO_4 溶液中的电化学行为，可以获得合金元素 RE 对 Pb-Ag 阳极膜层形貌、结构和物相组成，基底腐蚀行为和阳极析氧活性的影响，分析合金元素 RE 对 Pb-Ag 阳极在含氟、氯电解液中性能的影响机制，考察 RE 是否可以改善 Pb-Ag 阳极在含氟、氯电解液中的性能。

此外，由于 RE 化学性质活泼，阳极中的 RE 可能以 RE^{3+} 的形式溶解进入电解液。因此，在评判 RE 元素是否是铅阳极合格的合金元素时，需要考察电解液中 RE^{3+} 对阴极锌电积过程是否有不利影响。本章研究了 RE^{3+} 对锌电积沉积动力学、阴极锌形貌、阴极锌结构和电流效率的影响。

6.2　金相结构

　　合金元素在 Pb 合金中主要存在于固溶体、共晶组织、金属间化合物和枝晶界。这些元素可以改变合金的晶粒大小、晶界密度、偏聚相的数量和分布，对合金的机械强度和腐蚀特性产生直接的影响。极化初期，氧化膜层的生长是通过基底的腐蚀实现的，金相显微结构影响腐蚀类型及腐蚀的形貌，影响基底与膜层的结合，对膜层的稳定性有关键的影响。此外，合金元素有可能氧化溶出，嵌入膜层中，影响膜层的物相和结构，从而对膜层表面的析氧反应造成影响。因此，本质上合金元素对 Pb 阳极的影响是通过改变 Pb 合金金相显微结构来实现的[1]。为了深入认识 RE 对 Pb-Ag 阳极性能的影响，首先要认识清楚 RE 对 Pb-Ag 合金金相显微结构的影响。图 6-1 给出了 Pb-Ag 和 Pb-Ag-RE 两种合金的金相显微图。

图 6-1　Pb-Ag（a）和 Pb-Ag-RE（b）合金金相显微图

　　如图 6-1（a）所示，Pb-Ag 的金相显微照片呈现出明显的铸态组织。白色区域为 α-Pb 固溶体相，图中黑色区域为共晶组织中富 Ag 相。富 Ag 相包围 α-Pb 相，将 α-Pb 相隔离成柱状。富 Ag 相优先发生腐蚀。图 6-1（b）所示为 Pb-Ag-RE 合金的金相形貌，可以发现，RE 的加入大大改变了 Pb-Ag 合金的金相结构，α-Pb 相变成不规则多边形，晶界细小。唐有根和李党国等人也报道了相似的结论，唐有根等人[2]报道了低含量的稀土元素 Ce 加入可使晶界变薄，李党国等人[3]发现稀土可以净化合金中的杂质，使晶界细化。

6.3　循环伏安特性

　　为了考察合金元素 RE 对 Pb-Ag 合金在电解液中电化学反应的影响，对比研究了 Pb-Ag 和 Pb-Ag-RE 两种合金在无 Mn^{2+}/含 Mn^{2+} H_2SO_4 溶液中的循环伏安（CV）曲线，如图 6-2 和图 6-3 所示。

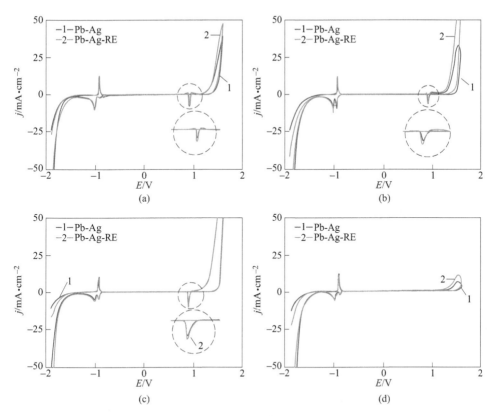

图 6-2 Pb-Ag 和 Pb-Ag-RE 合金在无 Mn²⁺ H₂SO₄ 溶液中的循环伏安曲线

（a）BE；（b）BEF；（c）BECl；（d）BEFCl

图 6-2 所示为两种合金在含氟/氯 H₂SO₄ 溶液中的 CV 曲线。Pb-Ag 和 Pb-Ag-RE 合金在 BE、BEF、BECl 和 BEFCl 四种溶液中获得的 CV 曲线基本重合，未发现 RE 引入的电化学氧化还原峰。在 BE、BEF 和 BEFCl 溶液中，RE 的加入使析氧起始电位稍微负移，PbO_2 生成和析氧反应的氧化枝电流密度增大，说明合金元素 RE 促进了电位正扫过程合金表面 PbO_2 的生成。在 BECl 溶液中，两种合金的 CV 曲线几乎完全重合。值得注意的是，在 BEFCl 体系，电位回扫过程中 $PbO_2/PbSO_4$ 还原峰近乎消失，说明在该体系下，电位扫描过程中 PbO_2 的生成量非常小，氟、氯的存在大大抑制 PbO_2 的生成。

图 6-3 所示为 Pb-Ag 和 Pb-Ag-RE 在含 Mn²⁺ H₂SO₄ 溶液中的 CV 曲线。对比可知，在含 Mn²⁺ 溶液中，特别是 BEFMn 和 BEFClMn 溶液，$PbO_2/PbSO_4$ 的还原峰非常小。比较 Pb-Ag 和 Pb-Ag-RE 两者在不同杂质溶液中的 CV 曲线，可以发现，两者 CV 曲线基本重合，差异很小。总体上看，RE 的引入使得析氧起始电位稍微负移，PbO_2 的生成和析氧反应所对应的氧化枝电流密度稍有增大。

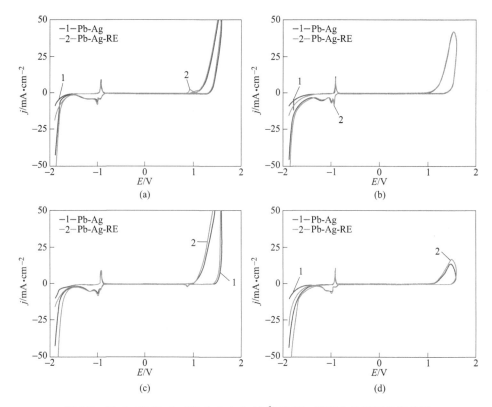

图 6-3   Pb-Ag 和 Pb-Ag-RE 合金在含 Mn^{2+} H_2SO_4 溶液中的循环伏安曲线

（a）BEMn；（b）BEFMn；（c）BEClMn；（d）BEFClMn

综合分析，可以发现，无论在无 Mn^{2+} 还是含 Mn^{2+} H_2SO_4 溶液中，Pb-Ag-RE 合金的析氧起始电位比 Pb-Ag 合金的更负，PbO_2 生成和析氧反应的电流密度较 Pb-Ag 合金的更大。这说明，RE 在一定程度上促进了电位扫描过程中 PbO_2 的生成和析氧反应。

6.4   RE 对 Pb-Ag 阳极氧化膜层和腐蚀行为的影响

本节将依次讨论 Pb-Ag 和 Pb-Ag-RE 阳极在 BE、BEF、BECl 和 BEFClMn 四种溶液中的氧化膜层表面形貌、截面形貌和基底腐蚀形貌，比较两种阳极在各种杂质体系中膜层形貌和腐蚀形貌的差异，获得 RE 对 Pb-Ag 阳极在不同杂质体系中腐蚀行为的影响。

6.4.1   氧化膜层与基底腐蚀形貌

6.4.1.1   BE 溶液

图 6-4 所示为 Pb-Ag 和 Pb-Ag-RE 阳极在 BE 溶液中恒流极化 72h 后氧化膜层

表面形貌、截面形貌和基底腐蚀形貌。图 6-4（a）、（c）、（e）所示为 Pb-Ag 阳极的形貌；图 6-4（b）、（d）、（f）所示为 Pb-Ag-RE 阳极的形貌。

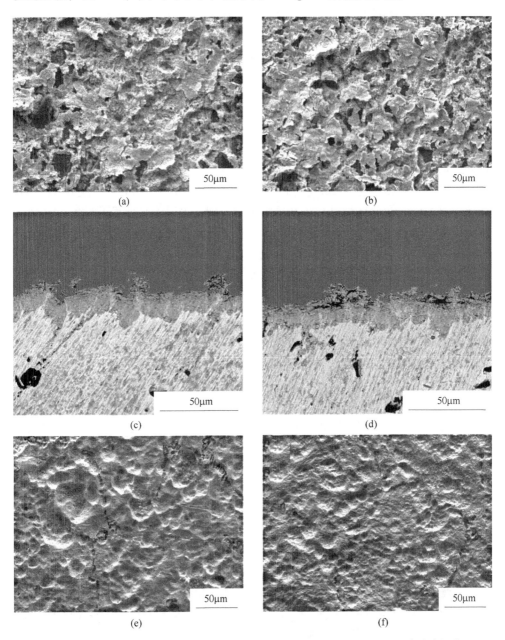

图 6-4　Pb-Ag（a, c, e）和 Pb-Ag-RE（b, d, f）阳极在 160g/L H$_2$SO$_4$ 溶液中极化 72h 后的氧化膜层表面形貌（a, b）、截面形貌（c, d）和基底腐蚀形貌（e, f）

由图 6-4（a）、（b）可见，在 BE 溶液中，两种阳极氧化膜层表面形貌均呈现疏松多孔的鳞片状。Pb-Ag 表面鳞片数量较少，膜层表面平整区域面积较大，可以推测该电极表面较多的鳞片已经脱落。而 Pb-Ag-RE 阳极表面鳞片附着较好，大部分鳞片还保留在膜层表面。

图 6-4（c）、（d）所示为 Pb-Ag 和 Pb-Ag-RE 阳极在 BE 溶液极化后的截面形貌。膜层呈现明显双层结构，即外部的疏松层和内部的紧密层。疏松层凹凸不平，有较多的凸起，对应于表面形貌中出现的鳞片。Pb-Ag-RE 膜层外部的疏松层厚度较大，与该电极表面形貌中鳞片数量较多相对应。

图 6-4（e）、（f）所示为 Pb-Ag 和 Pb-Ag-RE 阳极在 BE 溶液中极化 72h 后的基底腐蚀形貌。由图可知，Pb-Ag 阳极基底出现明显的晶界腐蚀。晶界处原子排列不规则，溶质原子易在晶界、相界处偏析，导致晶界、相界处的化学活性高，因此，腐蚀优先在此区域进行。在晶粒内部，同样可以看见明显的腐蚀坑，腐蚀坑深度较小。对于 Pb-Ag-RE 阳极，同样出现晶界腐蚀，但是腐蚀不明显，这可以由 Pb-Ag-RE 合金中晶界宽度小，偏析程度低来解释。此外，Pb-Ag-RE 阳极晶粒内部的腐蚀坑数量和深度也较 Pb-Ag 阳极的稍小。

结合膜层表面形貌、截面形貌和基底腐蚀形貌，可以推断 RE 改善 Pb-Ag 阳极在 BE 溶液中耐腐蚀性能的机制是：合金元素 RE 使氧化膜层外部的疏松膜层，即鳞片状膜层稳定性提高，减少鳞片脱落。此外，合金元素 RE 使基底的晶界密度减小，晶界细化，减少晶间腐蚀。

6.4.1.2 BEF 溶液

图 6-5 所示为 Pb-Ag 和 Pb-Ag-RE 在 BEF 溶液中极化后的氧化膜层表面形貌、截面形貌和基底腐蚀形貌。

(a)   (b)

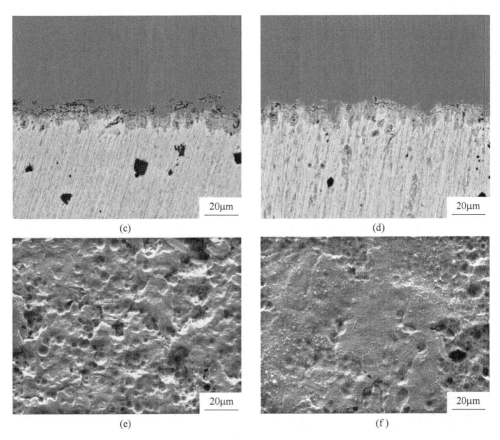

图 6-5 Pb-Ag（a，c，e）和 Pb-Ag-RE（b，d，f）阳极在 BEF 溶液中极化 72h 后氧化膜层
表面形貌（a，b）、截面形貌（c，d）和基底腐蚀形貌（e，f）

如图 6-5（a）、（b）所示，Pb-Ag 阳极氧化膜层表面疏松多孔，有少量鳞片覆盖在疏松多孔膜层表面。该溶液中的鳞片比 BE 溶液中的表面平整度更大。Pb-Ag 阳极表面大量的鳞片已经脱落，而 Pb-Ag-RE 表面的鳞片大部分还在膜层表面，与底部贴合紧密，膜层表面平整光滑，鳞片连接成大片，鳞片上出现较多的裂缝。这些裂缝有可能是烘干过程造成的。

图 6-5（c）、（d）所示为 Pb-Ag 和 Pb-Ag-RE 阳极在 BEF 溶液中极化 72h 后的截面形貌。BEF 溶液中的氧化膜层厚度明显小于 BE 溶液中的，膜层致密度较差，膜层内部出现大量的孔洞。Pb-Ag 阳极膜层表面甚至出现裂缝，这可能是该阳极表面的鳞片脱落严重的原因。相较 Pb-Ag 阳极，Pb-Ag-RE 阳极表面膜层的致密度较高，膜层内部孔洞数量明显更少。

图 6-5（e）、（f）所示为基底的腐蚀形貌。Pb-Ag 阳极基底出现大量的腐蚀坑，腐蚀坑深度较大，还可以看到晶界处的腐蚀裂缝。基底腐蚀不均匀，局部腐

蚀严重。Pb-Ag-RE 阳极基底的腐蚀明显弱于 Pb-Ag 阳极，基底较平整，局部出现腐蚀坑和孔洞。腐蚀坑的数量和深度均远小于 Pb-Ag 阳极基底。

　　结合膜层表面形貌、截面形貌和基底腐蚀形貌，可以推断 RE 改善 Pb-Ag 阳极在 BEF 溶液中耐腐蚀性能的机制是：外部鳞片状膜层与内部贴合紧密，膜层内部孔洞数量少，致密度高，降低基底与电解液接触概率，降低基底的腐蚀速率。

6.4.1.3　BECl 溶液

　　图 6-6 所示为 Pb-Ag 和 Pb-Ag-RE 在 BECl 溶液中 72h 极化后氧化膜层表面形貌、截面形貌和基底腐蚀形貌。图 6-6（a）、（b）所示为膜层表面形貌，膜层表面同样呈现鳞片状，鳞片底部膜层致密度增加，呈胶结状，与 BECl 溶液中的形貌特征相似，两种阳极的表面形貌差异较小。图 6-6（c）、（d）所示为截面形貌，BECl 溶液中膜层厚度低于 BE 和 BEF 体系，膜层内部致密度较 BEF 体系高。

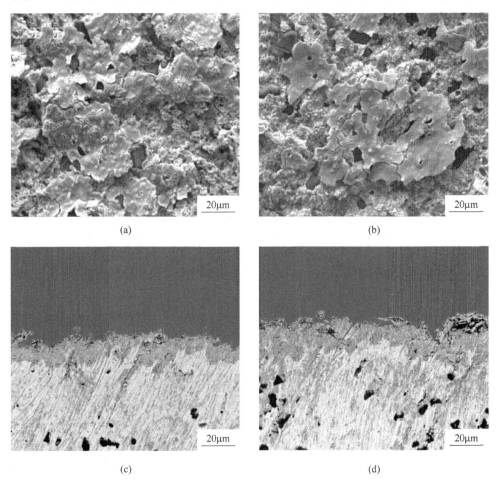

(a)　　　　　　　　　　　　　　　(b)

(c)　　　　　　　　　　　　　　　(d)

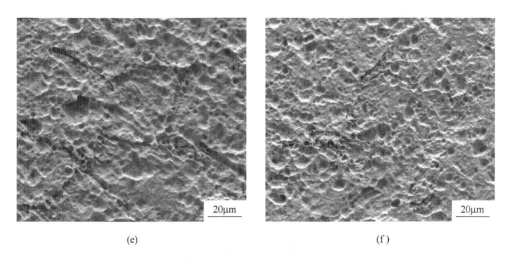

(e) (f)

图 6-6　Pb-Ag（a，c，e）和 Pb-Ag-RE（b，d，f）阳极在 BECl 溶液中极化 72h 后氧化膜层
表面形貌（a，b）、截面形貌（c，d）和基底腐蚀形貌（e，f）

两种阳极的膜层厚度和致密度相当，无明显差异。从基底形貌（见图 6-6（e）、
（f））看，基底腐蚀坑数量高于 BE 和 BEF 体系。相较 Pb-Ag 阳极，Pb-Ag-RE 阳
极基底腐蚀坑数量相当，腐蚀深度略小，晶界腐蚀更轻。

6.4.1.4　BEFClMn 溶液

图 6-7 所示为 Pb-Ag 和 Pb-Ag-RE 在 BEFClMn 溶液中 72h 极化后氧化膜层表
面形貌、截面形貌和基底腐蚀形貌。图 6-7（a）、（b）所示为膜层表面形貌，由
图可知，膜层外表有一层黑色的 MnO_2 层，MnO_2 层平整致密。MnO_2 下面为底部
膜层。由于含 Mn^{2+} 溶液中膜层与基底的结合强度低，在冲洗过程中，为避免膜
层在冲洗过程中整体脱落，冲洗时间较短。残留的 H_2SO_4 溶液使得膜层表面的
PbO_2 转变成 $PbSO_4$ 晶粒，所以膜层表面出现大量的长方体颗粒。相较 Pb-Ag 阳
极，Pb-Ag-RE 阳极的 MnO_2 层厚度较薄，平整度较低。图 6-7（c）、（d）所示为
截面形貌，比较膜层外部的 MnO_2/PbO_2-$PbSO_4$ 膜层可知，Pb-Ag 外部膜层厚度
大，致密度差，Pb-Ag-RE 阳极外部膜层厚度小，但致密度较高。对于底部膜层，
Pb-Ag 阳极底部膜层致密度低，膜层内部呈颗粒状，分布有较大的孔洞，膜层整
体致密度较差。Pb-Ag-RE 阳极氧化膜层厚度明显小于 Pb-Ag 阳极，但致密度较
高。两种阳极的基底腐蚀形貌如图 6-7（e）、（f）所示。BEFClMn 溶液中的基底
腐蚀相较 BE、BEF 和 BECl 溶液中的腐蚀明显减小。相较 Pb-Ag 阳极，Pb-Ag-RE
阳极基底的腐蚀坑数量较多，腐蚀深度较大，这很可能是由于底部膜层厚度小导
致的。

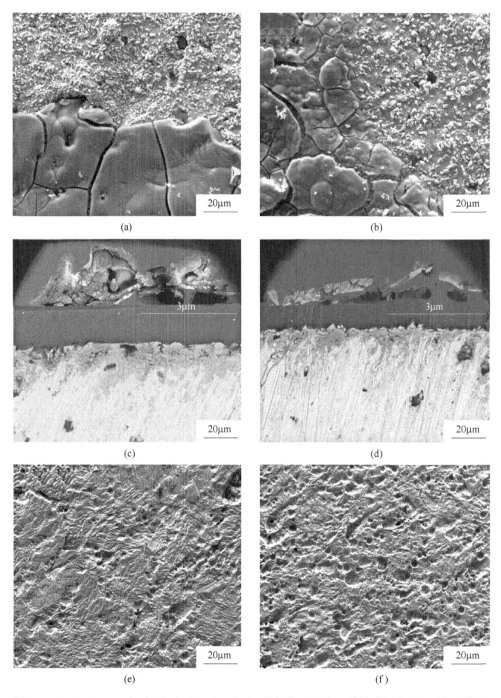

图 6-7　Pb-Ag（a，c，e）和 Pb-Ag-RE（b，d，f）阳极在 BEFClMn 溶液中极化 72h 后氧化膜层
的表面形貌（a，b）、截面形貌（c，d）和基底腐蚀形貌（e，f）

　　综上分析，可以发现，相较 Pb-Ag 阳极，Pb-Ag-RE 阳极在 BE、BEF、BECl 和 BEFClMn 四种溶液中生成的氧化膜层致密度都更高，膜层外表的疏松层稳定性较好。在 BE、BEF 和 BECl 三种溶液中，Pb-Ag-RE 阳极基底的腐蚀坑和孔洞的数量和深度均小于 Pb-Ag 阳极，腐蚀程度低于 Pb-Ag 阳极。此外，由于 RE 可以细化晶界，减少偏聚，因此大大减小了基底的晶间腐蚀。但在 BEFClMn 溶液中，底部膜层的厚度小于 Pb-Ag 阳极，基底的腐蚀坑数量和深度略大于 Pb-Ag 阳极。

6.4.2 氧化膜层物相

　　第 3~5 章我们采用 XRD、LSV 和 CP 表征氧化膜层的物相组成。从分析结果来看，三种测试技术获得的结论是一致的。本节主要采用 LSV 技术分析 Pb-Ag 和 Pb-Ag-RE 两种阳极在 BE、BEF、BECl 和 BEFClMn 四种杂质体系中生成的氧化膜层的物相组成，如图 6-8 所示。

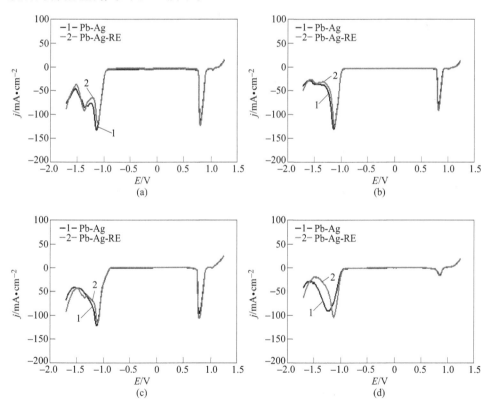

图 6-8　Pb-Ag 和 Pb-Ag-RE 在不同杂质的 H_2SO_4 溶液中极化 72h 后 LSV 曲线

(a) BE; (b) BEF; (c) BECl; (d) BEFClMn

　　电位负向扫描过程中，首先在 1.0V 左右出现一个非常小的还原峰，该峰在

BE、BEF 和 BECl 三种溶液中的 LSV 曲线均出现了。该峰可能是合金元素中 Ag 或者其他杂质化合物的还原峰。在 $-0.8V$ 左右出现一个还原峰，对应于 $PbO_2/PbSO_4$ 的转化。在 BEF 和 BECl 溶液中，$PbO_2/PbSO_4$ 的还原峰均明显小于 BE 溶液，说明氟、氯的存在均抑制了 PbO_2 的生长。而在 BEFClMn 体系，$PbO_2/PbSO_4$ 的还原峰最小，这主要是膜层中 MnO_2 导致的。极化过程中，MnO_2 覆盖在 PbO_2 表面，PbO_2 的生长受 Pb^{2+} 和 O 的传质控制[4]。MnO_2 的覆盖阻碍了这些物质的传输，从而抑制 PbO_2 的生长。在 $-1.0V$ 左右，出现 PbO_n、$PbO \cdot PbSO_4$ 的还原峰，在更负的电位则出现 $PbSO_4$ 的还原峰。总体上看，Pb-Ag-RE 阳极的 $PbO_2/PbSO_4$ 还原峰稍大，而 PbO_n、$PbO \cdot PbSO_4$ 的还原峰稍小。证明合金元素 RE 略微增加了膜层中 PbO_2 的含量，同时，减少膜层中 PbO_n、$PbO \cdot PbSO_4$ 的含量。

6.5　RE 对 Pb-Ag 阳极析氧行为的影响

6.5.1　阳极电位

阳极电位是评价铅合金（合金元素）优劣的重要参数。本节对比研究了 Pb-Ag 和 Pb-Ag-RE 阳极在无 Mn^{2+} 和含 Mn^{2+} H_2SO_4 溶液中的阳极电位变化情况。含 Mn^{2+} 溶液中阳极电位的变化不仅可以用于评价合金阳极的电位的高低，还可以通过电位的震荡现象来评估极化过程中膜层的稳定性。

图 6-9 所示为 Pb-Ag 和 Pb-Ag-RE 阳极在无 Mn^{2+} H_2SO_4 溶液中恒流极化过程中的阳极电位。在 BE 溶液中，Pb-Ag-RE 的阳极电位低于 Pb-Ag 阳极，极化 72h 后，Pb-Ag-RE 阳极电位低约 10mV。在 BEF、BECl 和 BEFCl 三种溶液中，极化初期，两者的电位相差比较大。但极化 24h 后，阳极电位都达到稳定值，而且两种阳极的稳定电位非常接近，Pb-Ag-RE 阳极的电位稍微小一些，差距不超过 5mV。

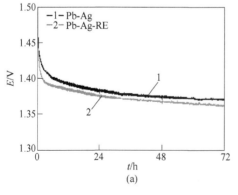
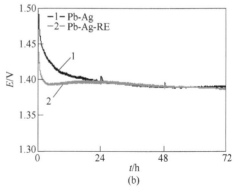

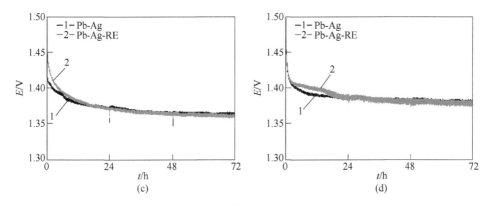

图 6-9 Pb-Ag 和 Pb-Ag-RE 在无 Mn²⁺ H₂SO₄ 溶液极化 72h 过程中的阳极电位

(a) BE；(b) BEF；(c) BECl；(d) BEFCl

图 6-10 所示为 Pb-Ag 和 Pb-Ag-RE 两种阳极在含 Mn²⁺ H₂SO₄ 溶液中恒流极化过程中的阳极电位变化图。在 BEMn 溶液中，阳极电位波动大，出现较多"毛刺"。Pb-Ag-RE 阳极电位上出现四个比较明显的"毛刺"，而 Pb-Ag 则出现一个电位"断崖"式跃变。电位变化幅度大，意味着整个膜层大范围的脱落。因此，BEMn 体系中 Pb-Ag 表面膜层的稳定性差于 Pb-Ag-RE 阳极。此外，整个极化过程中，Pb-Ag-RE 阳极的电位都处于较低水平，平均电位低于 Pb-Ag 阳极约 20mV。在 BEFMn 溶液中，两种阳极的电位变化基本一致，Pb-Ag-RE 阳极的电位"毛刺"较少。整体上，Pb-Ag-RE 阳极电位较平稳，平均电位与 Pb-Ag 阳极相当。在 BEClMn 溶液中，Pb-Ag-RE 阳极电位"毛刺"较多，电位变化幅度大于 Pb-Ag 阳极，Pb-Ag-RE 阳极平均电位低于 Pb-Ag 阳极。在 BEFClMn 溶液中，Pb-Ag-RE 阳极电位较 Pb-Ag 阳极平稳，未出现 Pb-Ag 阳极的电位"断崖"式跃变，膜层稳定性高于 Pb-Ag 阳极，平均阳极电位低于 Pb-Ag 阳极约 15mV。

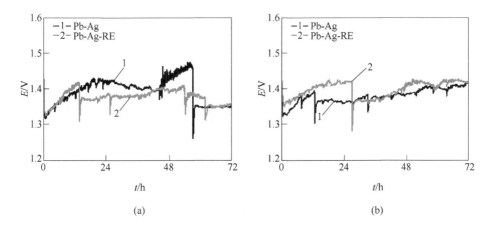

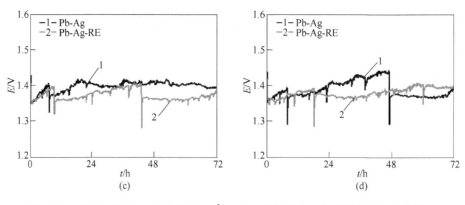

图 6-10　Pb-Ag 和 Pb-Ag-RE 在含 Mn^{2+} H_2SO_4 溶液极化 72h 过程中的阳极电位

（a）BEMn；（b）BEFMn；（c）BEClMn；（d）BEFClMn

总体上，在 BE 溶液中，Pb-Ag-RE 阳极电位低于 Pb-Ag 阳极 10mV 左右，而在含氟、氯的无 Mn^{2+} 体系中，两种阳极的电位相当，差距很小。在含 Mn^{2+} 体系，除 BEFMn 体系外，Pb-Ag-RE 的平均阳极电位均低于 Pb-Ag 阳极。在 BEMn 和 BEFClMn 体系中，Pb-Ag-RE 阳极的电位更稳定，未出现 Pb-Ag 阳极表现出的电位"断崖"式跃变，膜层整体稳定性高于 Pb-Ag 阳极。

6.5.2　析氧反应动力学

本节采用 EIS 和 Tafel 测试方法对比研究了 Pb-Ag 和 Pb-Ag-RE 阳极在 BE、BEF、BECl 三种溶液中的析氧反应动力学。对于含 Mn^{2+} 体系，由于膜层稳定性差，析氧反应不稳定，不能满足 EIS 和 Tafel 对系统稳定性的要求，因此，未开展 Pb-Ag 和 Pb-Ag-RE 两种阳极在含 Mn^{2+} H_2SO_4 体系中的 EIS 和 Tafel 测试。

6.5.2.1　EIS 测试

图 6-11 所示为 Pb-Ag 和 Pb-Ag-RE 阳极在 BE、BEF 和 BECl 三种电解液中恒流极化 72h 后的 EIS 阻抗谱图。在三种电解液中，EIS 谱图均呈现一个半圆弧，对应于阳极表面析氧反应的双电层电容和传荷阻抗组成的 RC 回路。采用图 6-11（a）底部所示的等效电路对 EIS 谱图进行拟合，各元件参数的意义和相关计算公式参看第 3 章 EIS 谱图分析部分，拟合结果见表 6-1。

表 6-1　图 6-11 所示的 EIS 图谱拟合结果

电解液	阳极	χ^2	$R_u/\Omega \cdot cm^2$	n	$C_{dl}/F \cdot cm^{-2}$	$R_{ct}/\Omega \cdot cm^2$
BE	Pb-Ag	4.83×10^{-4}	0.672	0.883	4.17×10^{-2}	1.60
	Pb-Ag-RE	6.29×10^{-4}	0.673	0.904	4.18×10^{-2}	1.50

续表 6-1

电解液	阳极	χ^2	$R_u/\Omega \cdot cm^2$	n	$C_{dl}/F \cdot cm^{-2}$	$R_{ct}/\Omega \cdot cm^2$
BEF	Pb-Ag	8.35×10^{-4}	0.688	0.886	3.27×10^{-2}	1.98
	Pb-Ag-RE	5.83×10^{-4}	0.624	0.891	3.24×10^{-2}	1.98
BECl	Pb-Ag	4.75×10^{-4}	0.652	0.879	3.91×10^{-2}	2.28
	Pb-Ag-RE	4.12×10^{-4}	0.633	0.887	4.13×10^{-2}	2.26

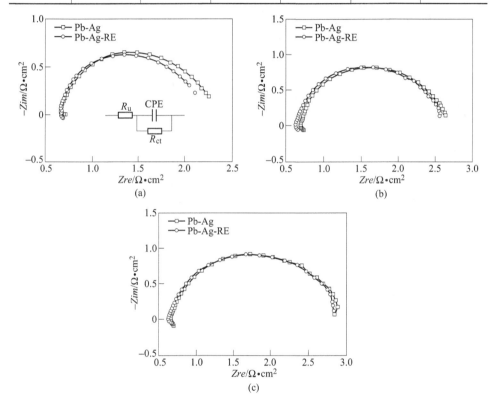

图 6-11　Pb-Ag 和 Pb-Ag-RE 在 BE、BEF 和 BECl 溶液中极化 72h 后 EIS 图谱
(a) BE；(b) BEF；(c) BECl

　　由表 6-1 可知，在 BE 溶液中，Pb-Ag-RE 阳极的 R_{ct} 值小于 Pb-Ag 阳极，C_{dl} 值相近，与该溶液中 Pb-Ag-RE 阳极电位低于 Pb-Ag 阳极的结果一致。在 BE100F 溶液和 BE500Cl 溶液中，Pb-Ag 和 Pb-Ag-RE 阳极的 R_{ct} 值非常接近，与两者在这两种溶液中阳极电位相近的结果相吻合。在 BEF 溶液中，Pb-Ag 和 Pb-Ag-RE 阳极表现出相近的 C_{dl} 值，而在 BECl 溶液中，Pb-Ag-RE 阳极的 C_{dl} 值略大于 Pb-Ag 阳极。

6.5.2.2　Tafel 测试

图 6-12 所示为 Pb-Ag 和 Pb-Ag-RE 阳极在 BE、BEF 和 BECl 三种溶液中恒流

极化 72h 后的 Tafel 曲线，所有曲线均进行了修正。采用 Origin 对各曲线进行分段线性拟合，拟合结果见表 6-2。两种阳极在各种电解液均呈现双斜率特征，由于工业锌电积阳极电流密度为 500A/m² 左右，因此，我们主要分析低过电位区 Tafel 的斜率。可以发现，在 BE 溶液中，Pb-Ag-RE 阳极的 Tafel 斜率略低于 Pb-Ag 阳极。Tafel 斜率均接近 120mV/dec，说明析氧反应主要受氧化膜层/电解液界面析氧活性物质的吸附和中间产物的生成控制[5]。Pb-Ag-RE 阳极的 Tafel 斜率略低，说明在该阳极表面，析氧活性物质和中间产物更容易生成。根据 Pavlov 的析氧机理[6]，析氧反应在 PbO₂ 凝胶区域进行，这些活性位点的生成需要 PbO₂ 参与。根据 LSV 曲线，Pb-Ag-RE 阳极表面的膜层中 PbO₂ 的含量高于 Pb-Ag 阳极，这可以解释 Pb-Ag-RE 阳极在该溶液中 Tafel 斜率更低。而在 BEF 和 BECl 溶液中，两种阳极的 Tafel 斜率基本相同，与两种溶液中阳极电位和析氧传荷阻抗相近的结果一致。

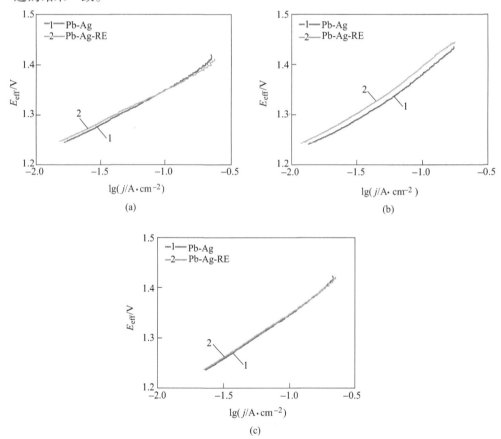

图 6-12　Pb-Ag 和 Pb-Ag-RE 在 BE、BEF 和 BECl 溶液中极化 72h 后 Tafel 曲线

（a）BE；（b）BEF；（c）BECl

表 6-2　图 6-12 所示的 Tafel 曲线分段线性拟合结果

电解液编号	电极	低过电位区/mV·dec⁻¹	高过电位区/mV·dec⁻¹
BE	Pb-Ag	134	152
	Pb-Ag-RE	127	147
BEF	Pb-Ag	152	216
	Pb-Ag-RE	153	213
BECl	Pb-Ag	174	205
	Pb-Ag-RE	173	203

从 EIS 和 Tafel 数据结果的分析可知，在 BE 溶液中，合金元素 RE 对 Pb-Ag 阳极的析氧活性有利，这与 RE 提高氧化膜层中 PbO_2 的含量相关。而在 BEF 和 BECl 溶液中，RE 对 Pb-Ag 阳极析氧活性的作用不明显。

6.6　RE³⁺对阴极锌电积过程的影响

RE 是一种活泼的稀土元素。作为 Pb-Ag 阳极的合金元素，必须考虑其在阳极氧化后以离子形式进入电解液中的潜在风险[7]。在锌电积过程中，电解液中金属离子有可能会参与阴极反应，对锌电积过程产生影响。因此，本节主要研究在含 RE³⁺ 硫酸锌电解液中 Al 阴极表面的锌电积过程。由于阳极中 RE 的添加量一般低于 0.1%（质量分数），在实验室测试过程中，我们并未在电解液中测出阳极中溶出的 RE³⁺。向硫酸锌电解液中添加 $RE_2(SO_4)_3$，并将 RE³⁺ 的浓度放大到 200mg/L，以此来探索 RE³⁺ 对锌电积电位、沉积动力学、阴极锌形貌和物相结构以及电流效率的影响。

6.6.1　沉积动力学

图 6-13 所示为 Al 阴极表面锌电积过程中阴极电位的变化情况。可以看出，随着锌的析出，阴极电位变负。从图 6-13 可以看出，沉积 2h 后，含 RE³⁺电解液中阴极电位略正于无 RE³⁺电解液约 10mV。说明，RE³⁺ 对锌析出有微弱的促进作用。

图 6-14 所示为阴极在无 RE³⁺ 和含 RE³⁺ 电解液中电位扫描曲线。由于电积过程中，锌电积发生在阴极锌/电解液表面，因此，在进行电位扫描之前，先恒流电积 2h，使 Al 板表面沉积上一层 Zn。由图可知，在-1.43V 左右时，电流降至 0 左右，该电位称为交叉电位。直至-1.52V 左右，电流才开始变大，锌开始沉积，该电位为锌电积起始电位[8]。交叉电位和起始电位之间的电位差值称为锌电积形核过电位[8]。可以发现，两种电解液中锌电积形核过电位非常相近，在极化区，含 RE³⁺溶液中锌电积电流密度略大于无 RE³⁺电解液，同样说明 RE³⁺ 对锌电积有微弱的促进作用。

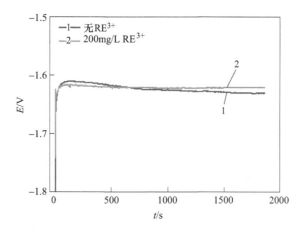

图 6-13　无 RE^{3+} 和含 RE^{3+} 电解液中锌电积过程电位变化

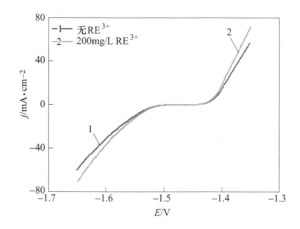

图 6-14　无 RE^{3+} 和含 RE^{3+} 电解液中阴极电位扫描曲线

6.6.2　阴极锌形貌与结构

图 6-15 所示为恒流电积 4h 后收获的阴极锌的表面形貌。两种电解液中沉积的锌呈现出规则的晶体形貌，形貌差异小。我们还对阴极锌的物相结构进行了表征，XRD 图谱如图 6-16 所示，由图可见，阴极锌优势生长区域为（101）晶面[9]。两种电解液中生长的阴极锌的 XRD 图谱基本重合，说明 RE^{3+} 不会对阴极锌的结构产生明显影响。

6.6.3　电流效率

恒流电沉积后，将阴极锌进行烘干称重，然后按式（6-1）计算锌电积电流效率。

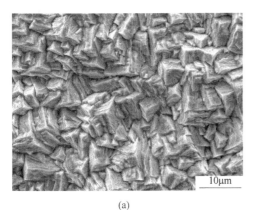

（a）　　　　　　　　　　　　　　（b）

图 6-15　恒流极化 4h 后阴极锌的形貌图

（a）无 RE³⁺；（b）含 RE³⁺

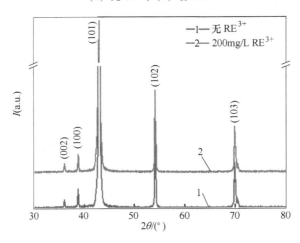

图 6-16　恒流电沉积 4h 生成的阴极锌的 XRD 图谱

$$E_{\mathrm{eff}} = \frac{2 \times m \times 96485}{M_{\mathrm{Zn}} \times i \times A \times 4 \times 3600} \qquad (6\text{-}1)$$

式中，m 为阴极锌的质量；M_{Zn} 为 Zn 的摩尔质量；i 为阴极电流密度；A 为阴极面积（表观面积）。

表 6-3 给出了 3 组电积实验的电流效率，可以发现，两种电解液中电流效率基本相同。

表 6-3　不同电解液中锌电积电流效率　　　　　（%）

电解液	实验组 1	实验组 2	实验组 3	平均值
无 RE³⁺	81.4	82.5	82.1	82.0
200mg/L RE³⁺	81.2	82.6	82.6	82.1

综合阴极电位、沉积动力学、阴极锌形貌与结构和电流效率，可以得出结论，RE^{3+} 对阴极过程影响非常小。假设 Pb-Ag-RE 阳极在服役过程中 RE 会溶出，RE^{3+} 也不会对阴极过程造成不利影响。

6.7　本章小结

本章对比研究了 Pb-Ag 和 Pb-Ag-RE 阳极在不同杂质的 H_2SO_4 溶液中的电化学反应，氧化膜层形貌、结构和物相，基底腐蚀形貌，析氧反应动力学和阳极电位的变化情况。还研究了两种阳极的金相结构以及溶液中 RE^{3+} 对阴极锌电积过程的影响，得到的主要结论如下：

（1）在 BE、BEF、BEFCl 和 BEFClMn 溶液中，合金元素 RE 提高了 Pb-Ag 阳极表面氧化膜层的致密度，提高了外部疏松层的稳定性。而且 RE 使 Pb-Ag 合金晶界密度减小，晶界变细，有效减少了基底在各杂质溶液中的晶间腐蚀。合金元素 RE 有效减少 Pb-Ag 阳极在 BE、BEF 和 BECl 溶液中基底的腐蚀坑数量和腐蚀深度。但是，在 BEFClMn 溶液中，RE 降低了 Pb-Ag 阳极底部膜层的厚度，基底腐蚀坑数量和深度稍微大于 Pb-Ag 阳极。

（2）在 BE、BEF 和 BECl 溶液中，合金元素 RE 增加了氧化膜层中 PbO_2 的含量。同时，减少膜层中 PbO_n、$PbO \cdot PbSO_4$ 的含量。在 BE 溶液中，Pb-Ag-RE 阳极电位低于 Pb-Ag 阳极，而 BEF、BECl 和 BEFCl 溶液中，两种阳极的电位相近。EIS 和 Tafel 数据表明 RE 元素对析氧动力学参数的影响非常小。

（3）在含 Mn^{2+} 溶液中，除 BEFMn 溶液外，Pb-Ag-RE 的平均阳极电位均低于 Pb-Ag 阳极。在 BEMn 和 BEFClMn 溶液中，Pb-Ag-RE 阳极的电位更稳定，未出现 Pb-Ag 阳极表现出的电位"断崖"式跃变，膜层整体稳定性高于 Pb-Ag 阳极。

（4）溶液中 RE^{3+} 对阴极锌电积电位、沉积动力学、阴极锌形貌与结构以及锌电积电流效率影响很小。Pb-Ag-RE 阳极在工业应用过程中，即使合金元素 RE 会以 RE^{3+} 溶出，也不会对阴极过程造成不利影响。

（5）总体上，合金元素 RE 可以改善 Pb-Ag 的膜层致密度和稳定性，降低在含 Mn^{2+} H_2SO_4 体系中的阳极电位，减少基底的晶间腐蚀，是一种较理想的合金元素。

参 考 文 献

[1] Rashkov S, Stefanov Y, Noncheva Z, et al. Investigation of the processes of obtaining plastic treatment and electrochemical behaviour of lead alloys in their capacity as anodes during the elec-

troextraction of zinc Ⅱ. Electrochemical formation of phase layers on binary Pb-Ag and Pb-Ca, and ternary Pb-Ag-Ca alloys in a sulphuric-acid electrolyte for zinc electroextraction [J]. Hydrometallurgy, 1996, 40 (3): 319~334.

[2] 杨习文, 唐有根, 舒宏, 等. 添加富铈稀土对低锑合金结构及电化学性能的影响 [J]. 中国有色金属学报, 2006, 16 (10): 1817~1822.

[3] Li D G, Zhou G S, Zhang J, et al. Investigation on characteristics of anodic film formed on PbCaSnCe alloy in sulfuric acid solution [J]. Electrochimica Acta, 2007, 52 (5): 2146~2152.

[4] Lander J J. Further studies on the anodic corrosion of lead in H₂SO₄ solutions [J]. Journal of the Electrochemical Society, 1956, 103 (1): 1~8.

[5] Li Y, Jiang L, Liu F, et al. Novel phosphorus-doped PbO₂-MnO₂ bicontinuous electrodes for oxygen evolution reaction [J]. RSC Advances, 2014, 4 (46): 24020~24028.

[6] Cao J, Zhao H, Cao F, et al. The influence of F⁻ doping on the activity of PbO₂ film electrodes in oxygen evolution reaction [J]. Electrochimica Acta, 2007, 52 (28): 7870~7876.

[7] Clancy M, Bettles C J, Stuart A, et al. The influence of alloying elements on the electrochemistry of lead anodes for electrowinning of metals: A review [J]. Hydrometallurgy, 2013, 131: 144~157.

[8] Zhang Q B, Hua Y. Effect of Mn²⁺ ions on the electrodeposition of zinc from acidic sulphate solutions [J]. Hydrometallurgy, 2009, 99 (3): 249~254.

[9] Baik D S, Fray D J. Electrodeposition of zinc from high acid zinc chloride solutions [J]. Journal of Applied Electrochemistry, 2001, 31 (10): 1141~1147.

7 铅基阳极稳定性影响因素及研究展望

7.1 引言

电解沉积是从水溶液中提取有色金属的重要方法。在电解沉积过程中，阴极进行目标金属的沉积，阳极进行析氧反应[1,2]。电解沉积通常在高电流密度、高浓度硫酸条件下进行，阳极材料需要保持惰性以免影响电解液的成分和阴极产品的质量。铅由于在高酸高电流密度服役条件下具有较好的稳定性，广泛应用于锌、铜、锰、钴、镍等的湿法电沉积工序[3~5]。

随着锌冶炼工业迅猛发展，锌矿石品位逐渐降低，矿物氟、氯含量不断上升[6~9]。尽管锌冶炼物料中大部分的氟、氯可以在高温火法工序挥发除去，但是，仍然有30%左右的氟、氯进入浸出—电积湿法流程[10]。在电积工序中，由于没有氟、氯的开路，氟、氯在电解液中不断累积，浓度逐步攀升。硫酸体系低含量氟（100mg/L）即可导致电锌剥离困难、铅阳极寿命显著缩短、阴极锌 Pb 含量超标等问题[11~15]。氟加剧 Pb-Ag 阳极腐蚀的机理是：其一，氟具有高反应活性，在极化初期，可以加剧基底 Pb^{2+} 的溶出。其二，含氟溶液中膜层空隙和裂缝多，膜层致密度差；而氯主要通过减小阳极氧化膜层中的紧密层厚度加剧铅基阳极腐蚀。随着二次锌资源（尤其是高氟氯的氧化锌烟尘）并入冶炼流程以及硫化锌精矿直接浸出工艺的推广，锌电解液氟、氯浓度将进一步大幅攀升。传统铅基阳极无法满足工业应用需求，直接威胁锌冶炼行业的可持续发展。亟待提升铅基阳极在硫酸体系的稳定性以应对锌电解体系氟、氯浓度攀升难题。

针对铅基阳极在硫酸体系存在腐蚀严重、服役寿命不理想的问题，国内外为提升铅基阳极服役稳定性所采取的主要措施有：（1）调控铅合金的金相结构，如优化合金成分[16]、热处理或塑性加工[17]；（2）铅阳极板表面预处理，如喷砂处理、KF/KMnO₄ 溶液预处理等[18]；（3）优化铅阳极结构，提出多孔阳极、夹层阳极[19,20]和涂层电极[21,22]，如 Pb-Ag 泡沫阳极、Pb/MnO₂、Al/Pb/PbO₂ 等。然而，在长时间电解服役过程中，这些改进措施仍然无法从根本上克服铅基阳极稳定性差的难题。究其根源在于已有研究大部分将铅基电极视为金属电极来开展研究。尽管工业上采购或自制的铅合金板材属于金属电极，但是在电解槽服役过程中铅合金板表面缓慢形成氧化物膜层，铅阳极实际上是以金属/氧化物电极形式服役的。因此，基于金属电极研究方法开展的研究及提出的改进措施均存在一定局限性。

　　无论是传统铅阳极板，还是新型铅基涂层阳极，在服役过程中，都是以铅（铅合金）/氧化物电极形式服役的。因此，改善铅阳极在硫酸体系中稳定性的关键在于同步提升铅阳极的基底/氧化膜层结合稳定性和氧化膜层内部稳定性。本章综述了基底/氧化膜层结合稳定性和氧化膜层内部稳定性的影响因素，分析了各因素对两者的影响路径，提出了改善硫酸体系铅基阳极稳定性的措施。

7.2　基底/氧化膜层结合稳定性

　　对于金属/氧化物电极，基底和氧化膜层两相之间不仅存在物理性质差异，如导电性、致密度、机械强度等；还存在显著化学活性差异。这些差异导致基底/氧化膜层结合的物理稳定性和化学稳定性不理想。基底与氧化膜层的结合稳定性成为决定整个阳极稳定性的关键。综合国内外文献，基底与氧化膜层结合稳定性的影响因素主要有基底耐腐蚀性能、基底机械性能以及基底表面预处理。

7.2.1　基底耐腐蚀性能

　　在高酸、高电位服役条件下，析氧反应生成的活性氧会在氧化膜层内部扩散，传输至合金/氧化膜层界面后氧化腐蚀铅基底[23~26]。随着基底与氧化膜层界面新生成的腐蚀产物增多，氧化膜层内压逐渐增大，导致氧化膜层开裂，进而造成基底与氧化膜层物理结合的破坏[27]。此外，氧化膜层开裂还促进电解液在毛细作用下沿着裂缝迅速向基底扩散，一旦与基底接触，将加剧基底的化学腐蚀。在化学腐蚀和氧化腐蚀双重作用下，铅阳极腐蚀严重，服役寿命不理想。因此，基底的耐腐蚀性是影响基底与氧化膜层结合稳定性的重要因素。

　　为改善基底的耐腐蚀性能，最直接、最简单的方法是优化铅基底的合金元素和金相结构。M. Clancy[28]归纳总结了不同合金元素对 Pb 阳极性能影响（见表7-1）。李劼等人[29]综述了铅合金的晶粒尺寸、二次相形貌及分布、轧制对其腐蚀行为的影响，并指出减少晶界密度、降低活性高的二次相在晶界和枝晶界区域偏聚、减小枝臂间距和枝晶界宽度等措施可显著提高铅基基底的耐腐蚀性能。

表 7-1　不同合金元素对铅合金性能的影响

合金元素	对铅基合金性能的影响
Ag	Ag 可促进致密氧化层的生长，加入质量分数为 0.5%~1.0% Ag 可减缓腐蚀
Ca	Ca 提高机械强度，降低阳极电位，但 Ca 含量过高会导致腐蚀加剧
Sn	Sn 可减缓钝化，降低腐蚀速率，改善机械性能
Sb	Pb-Sb 合金具有优越的机械强度和抗蠕变强度，但 Sb 易溶出并污染电解液
Ce	加入 Ce（质量分数为 0.048%）可以细化铅合金晶粒，改善 Pb-Ca-Sn 合金机械强度和耐腐蚀性能，同时抑制 PbO 和 PbO_2 的生长
Cr	Cr 的电导率比 Pb 高，但加入 Cr（质量分数为 0.8%）增大铅的腐蚀速率

合金元素	对铅基合金性能的影响
Cu	Pb-Sb（质量分数为 2%～5%）合金加入 Cu（质量分数为 0.04%），生成 Cu_2Sb 化合物，显著细化晶粒
La	La（质量分数为 0.054%）可细化晶粒，降低腐蚀速率，并降低铅合金表面 PbO_2 膜层的电阻率。但 La 抑制氧化膜生长，不利于析氧反应进行
Li	加入 Li（质量分数为 0.06%）可降低 Pb-Ca-Sn 合金的腐蚀速率，抑制表面膜层的生长
Mo	Mo（质量分数为 0.8%）可降低铅合金腐蚀速率，但使表面氧化膜呈不稳定的鳞片状
Na	纯铅中 Na 的溶解度为 1.588%，随 Na 含量增加，晶粒细化程度增大
Nd	Nd（质量分数为 0.03%）可以提高阳极机械强度，抑制 $PbSO_4$ 生成，降低腐蚀速率。Nd 也可以降低析氧过电位
Se	Se（质量分数为 2.0%）可以增加 Pb-Ag 合金的机械强度，但 Se 的作用会随着时间延长而减弱
Sr	Sr（质量分数为 1.0%）可以减少氧化物的剥落，延长阳极的寿命
Te	Te（质量分数为 0.01%～1.0%）可细化晶粒，改善铅合金的耐腐蚀性能和析氧活性
Ti	Ti 电导率约为 Pb 的 20%，加入 Ti（质量分数为 0.01%～1.0%）增大 Pb 腐蚀速率

7.2.2 基底机械性能

铅质软，因此铅及铅合金一般机械强度偏低。在出装槽等过程中，电极之间的碰撞容易导致铅基阳极板变形。此外，铅阳极密度大，在服役过程中需要承受自身重力。在恒定重力载荷下，铅阳极基底会发生蠕变变形[30,31]。由于变形过程中基底和氧化膜层的变形程度不同，无论是碰撞还是蠕变导致的变形，都会导致氧化膜层开裂甚至脱落，促进电解液与基底接触，进而加剧基底的腐蚀。因此，基底的机械性能也是影响基底与氧化膜层结合稳定性的重要因素。

为改善铅合金基底的机械强度和抗蠕变强度，主要措施有优化合金成分和对铅合金进行轧制加工。合金元素 Ca、Nd、Se 等可通过固溶强化、细晶强化或二次相弥散等机制提高铅合金的机械强度[29]，而轧制则主要通过细化晶粒、增加晶界密度等方式改善铅基合金机械性能。一般地，铅合金基底机械强度和抗蠕变强度越高，基底变形程度越小，基底与氧化膜层的结合稳定性越高，氧化膜层可为基底提供更持久的保护。

此外，还可以改变铅基阳极的结构来改善其机械性能。昆明理工大学郭忠诚课题组[32,33]和中南大学赖延清课题组[34]研究了多种 Al 芯夹层 Pb 阳极（见图7-1）。采用 Al 芯取代部分 Pb，不仅可以减轻阳极的质量，还可以提高阳极的机械强度。如赖延清等人制备的 Al/Pb-Ag 夹层阳极，相较 Pb-Ag 阳极，Al/Pb-Ag 阳极屈服强度和抗拉强度分别提高 77.39% 和 57.18%，而阳极质量减少 10.78%[34]。

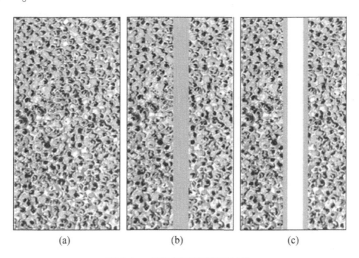

图 7-1　多种新型铅阳极结构

(a) 多孔 Pb；(b) 多孔 Pb/Pb 芯/多孔 Pb；(c) 多孔 Pb/Al 芯/多孔 Pb

7.2.3　基底表面预处理

加拿大锌电解公司（CEZ）开发了一项技术，在放入电解槽服役前，将铅阳极浸泡在 $KMnO_4$ 溶液一段时间，阳极表面可快速生成一层附着良好的玻璃态 MnO_2 膜层，该膜层有利于氧化膜层的附着[35]。此外，P. Ramachandran 等人[36,37]详细研究了铅阳极在含氟溶液中电化学预处理工艺。研究发现通过短暂的电化学预处理，可以帮助铅阳极在短暂的时间内生成结合牢固的 PbO_2 层。在服役早期，这些致密膜层可以起保护基底的作用。然而，在服役过程中，铅阳极表面氧化膜层处于"脱落—生长—脱落"的循环中。随着服役时间延长，预处理获得的膜层转化为硫酸体系生长的疏松多孔膜层，预处理的效果逐渐消失。

除了预处理获得致密膜层，还有一类预处理技术是修饰铅合金的表面结构，通常是获得粗糙多孔的表面结构。R. D. Prengaman[38]发现，压延阳极板表面平整光滑，加上耐腐蚀性能有所改善，新压延阳极板放入电解槽中需要更长的时间才能形成一层稳定的氧化膜层。因此，压延板在放入电解槽之前，最好进行喷砂处理。喷砂表面处理技术可增大铅基底比表面积，改善氧化膜层的附着性能，提高基底与氧化膜层的结合强度，从而改善铅基阳极的稳定性[35]。

自 1999 年首次报道采用阳极氧化方法可在 Ti 表面获得高度有序 TiO_2 纳米管/孔（TiO_2 NT/NP）以来，Ti/TiO_2 NT/NP 因其杰出的性能被广泛应用于光催化、染料敏化太阳能电池、生物医学器械、储能器件和废水处理等领域[39]。这主要得益于 Ti/TiO₂ 的 3D 孔洞结构可作为氧化物的载体，增大氧化物的填载量。同时，3D 骨架对氧化涂层起到支撑固定作用，承受一定的涂层内压，提高涂层的稳定性[40,41]。受此启发，采用具有 3D 孔洞结构的铅基底替换传统平板基底可能是改善 Pb（Pb 合金）/氧化膜层结合稳定性的有效途径。

7.3　氧化膜层内部稳定性

对于金属/氧化物电极，氧化膜层不仅是析氧反应进行的场所，还是保护金属基底的屏障。因此，氧化膜层内部稳定性是铅基阳极稳定性的重要影响因素。综合国内外已有的研究，析氧反应、膜层成分和膜层结构对氧化膜层内部稳定性影响显著。

7.3.1　析氧反应

D. Pavlov[23]在研究铅酸电池正极充放电过程中发现，极板上 PbO₂ 以两种形态存在：一种是结晶形态良好的 PbO₂，另一种是呈凝胶状的无定型态的 Pb * O(OH)₂[42]。D. Pavlov 等人指出，析氧反应在无定型态的 Pb * O(OH)₂/溶液界面进行。析氧机理如式（7-1）~式（7-4）所示[43]：

$$Pb * O(OH)_2 \longrightarrow Pb * O(OH)^+(OH) \cdot + e \tag{7-1}$$

$$Pb * O(OH)^+(OH) \cdot + H_2O \longrightarrow Pb * O(OH)_2 \cdots (OH) \cdot + H^+ \tag{7-2}$$

$$Pb * O(OH)_2 \cdots (OH) \cdot \longrightarrow Pb * O(OH)_2 + O + H^+ + e \tag{7-3}$$

$$O + O \longrightarrow O_2 \tag{7-4}$$

析氧反应生成的中间产物羟基自由基（OH）·和活性氧（O）可以在氧化膜层内部向铅基底/氧化膜层界面扩散[44]，传质到该界面时即与铅基底发生反应，导致铅基底的氧化腐蚀。氧化腐蚀产物增大氧化膜层内压，进而导致氧化膜层开裂，降低基底与氧化膜层的结合稳定性。

析氧反应影响铅基阳极稳定性的另一个机制是气泡效应。在析氧过程中，氧化膜层表面的活性氧复合生成氧气。氧气在硫酸溶液中溶解度小，开始以小气泡的形式附着在氧化膜层表面。随着气泡的长大，气泡发生破裂，分解成多个小气泡逸出。氧气气泡破裂的瞬间，对氧化膜层表面形成巨大的冲击，可能导致氧化膜层的破坏和开裂[43]。事实上，铅基阳极表面氧化膜层呈珊瑚礁状，表面疏松多孔。析氧反应可以在孔洞内部或者缝隙进行[43]。这些区域发生的气泡效应，会导致孔洞和缝隙的崩塌，甚至导致整个膜层开裂、脱落。

如上所述，析氧反应可以通过活性氧和气泡效应两种机制影响氧化膜层内部稳定性，如图 7-2 所示。一般地，改善析氧反应活性及促进氧气气泡逸出的措施均可减小析氧反应对铅基阳极稳定性的不利影响。改善析氧反应活性，可以促进中间产物（羟基自由基和活性氧）的转化，减少其在氧化膜层表面的浓度，进而减少传质到基底/氧化膜层界面的羟基自由基和活性氧数量，减缓基底的氧化腐蚀；促进氧气气泡逸出主要是降低析氧反应活性区域对氧气气泡的附着力，从而加速氧气气泡脱离氧化膜层表面，减缓气泡长大—破裂对氧化膜层的冲击破坏作用。

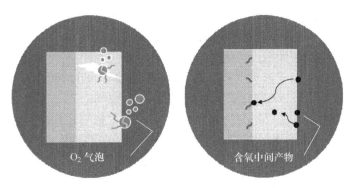

O₂ 气泡　　　　　　　　含氧中间产物

图 7-2　析氧反应对氧化膜层内部稳定性影响机制示意图

7.3.2　膜层成分

铅基阳极表面生长的氧化膜层主要成分是 PbO_2、$PbSO_4$ 及其他铅的化合物[43]。前文已经提到，铅基阳极氧化膜层是由铅合金氧化腐蚀生成的。因此，氧化膜层中还可能嵌入基底合金元素的氧化产物。表 7-1 给出了不同合金元素对铅基阳极性能的影响。本质上，部分合金元素是通过改变氧化膜层的成分来影响阳极性能的。Ag、Co 被证实可以以氧化物嵌入膜层，并作为析氧活性位点，促进析氧反应的进行[45~47]。由于 Ag、Co 氧化产物（Ag_2O、Co_3O_4 等）对析氧反应具有催化效应，可显著降低阳极电位。在低阳极电位条件下，活性羟基自由基和活性氧向膜层内部传质变慢，基底的氧化腐蚀减缓，从而有利于提高铅基阳极的稳定性。

除了基底合金元素对铅基阳极的氧化膜层成分有影响外，电解液成分也会对氧化膜层成分造成影响，最引人关注的是电解液中的 Mn^{2+}、氟和氯。其中，Mn^{2+} 会发生氧化并以 MnO_2 沉积在铅基阳极表面。尽管氟、氯不直接参加电化学反应，但是氟、氯均会影响 Pb 的氧化溶出和 PbO_2 的生成，进而影响氧化膜层的成分。钟晓聪等人[15]研究发现，氟和氯均会在极化初期加速 Pb^{2+} 的溶出，并减少氧化膜层中 PbO_2 的含量。

氧化膜层成分直接对析氧反应活性产生影响，进而间接地影响氧化膜层内部稳定性。调控氧化膜层成分有两条路径，即优化铅基底合金元素和引入具有催化性质的氧化物涂层（如 IrO_2、Co_3O_4、RuO_2 等）。优化铅基底合金元素对铅基阳极性能的影响是多方面的，需要同时关注合金元素对合金基底耐腐蚀性、机械性能的影响。引入具有催化性质的氧化物涂层可以显著地改善阳极析氧活性，但是涂层稳定性还需要通过长时间电解实验加以验证。

7.3.3　膜层结构

作为铅（铅合金）基底和电解液之间的保护屏障，氧化膜层的结构不仅影响氧化膜层内部稳定性，还影响基底/氧化膜层结合稳定性。因此，氧化膜层结构是影响铅基阳极整体稳定性的关键因素。氧化膜层结构主要受合金元素、电解液杂质离子及电解工艺参数（电流密度、电流制度、电解液温度等）的影响。本书主要讨论合金元素和锰离子对氧化膜层结构的影响。

合金元素对氧化膜层的结构的影响主要表现在对膜层致密度、厚度两个方面。常规电解条件下，铅合金阳极表面氧化膜层呈珊瑚礁状，疏松多孔。许多文献报道了通过改变铅基底合金元素可以改善氧化膜层结构[5,48~50]。如 Ag、Ce 的引入可以使氧化膜层致密度、平整度提高。氧化膜层致密度提高，孔洞和缝隙减少，一方面有利于抑制电解液与基底直接接触，减轻基底的化学腐蚀，从而提高基底/氧化膜层结合稳定性；另一方面，孔洞和缝隙数量减少，氧气气泡附着位点减少，可减缓析氧反应气泡效应对氧化膜层的破坏。除了氧化膜层致密度，合金元素还会影响氧化膜层的厚度，如 Ce、La、Li、Nd 等合金元素抑制 $PbSO_4$、PbO_2 等的生长，氧化膜层厚度减小[28]。氧化膜层厚度减小，电解液与基底的接触概率增大，基底腐蚀加剧。

除合金元素外，电解液中的离子对氧化膜层结构影响显著，尤其是 Mn^{2+}。P. Yu 等人[51]发现在含 Mn^{2+} H_2SO_4 溶液中铅阳极表面氧化膜层呈 MnO_2/PbO_2-$PbSO_4$/MnO_2 叠层结构，如图 7-3（a）所示。MnO_2 层与 PbO_2-$PbSO_4$ 层结合区域孔洞多，结合强度低。钟晓聪等人[52]分析，MnO_2 致密层和 PbO_2-$PbSO_4$ 疏松层结合强度不高主要有两个原因：一是 MnO_2 保护层一旦开裂，H_2SO_4 溶液与 PbO_2-$PbSO_4$ 层接触，PbO_2 转化为 $PbSO_4$。由于 PbO_2 与 $PbSO_4$ 的摩尔体积不同，两者转化导致氧化膜层膨胀，显著破坏 MnO_2 层与 PbO_2-$PbSO_4$ 层的结合，容易导致 MnO_2 的脱落。二是 PbO_2 转变成 $PbSO_4$ 后，由于 $PbSO_4$ 导电性差，外部 MnO_2 膜层与 PbO_2-$PbSO_4$ 膜层的电接触恶化，结合强度急剧降低。在氧气气泡和电解液扰动的作用下，氧化膜层尤其是外部的 MnO_2 层易脱落。因此，抑制 MnO_2/PbO_2-$PbSO_4$/MnO_2 叠层结构是改善氧化膜层内部稳定性的关键。

M. Mohammadi 和 Y. Li 等人[53~55]分别采用不同方法制备了 Pb-MnO_2 复合阳极。研究结果表明，阳极表面弥散分布的 MnO_2 颗粒可抑制 MnO_4^- 的生成，促进 Mn^{2+} 氧化生成 MnO_2，从而使阳极表面的 MnO_2 膜层平整致密。平整致密的 MnO_2 外层可阻止含氧物质向氧化膜层内部扩散，减少 PbO_2 在 MnO_2 层底部的生长。

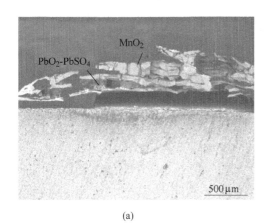
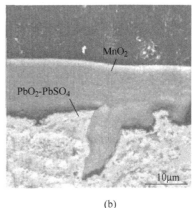

(a) (b)

图 7-3　Pb-Ag、Pb-MnO$_2$ 阳极在含 Mn^{2+} H$_2$SO$_4$ 溶液电解 72h 后截面形貌[52, 53]

结果表明 Pb-MnO$_2$ 复合阳极氧化膜层由底部的 PbO$_2$-PbSO$_4$ 层和外部的 MnO$_2$ 层组成[53]，呈双层结构而非多层堆叠结构（见图 7-3（b）），显著提高氧化膜层的稳定性。

7.4　结语与展望

　　铅基合金阳极具有制备简单、价格低廉的优势广泛应用于有色金属湿法电沉积领域。随着电解液中氟、氯浓度逐步攀升，铅基阳极腐蚀加重，服役寿命不能满足工业应用的要求。延长铅基合金阳极服役寿命的关键在于同步提升基底/氧化膜层结合稳定性和氧化膜层内部稳定性。

　　在今后开发新型铅基阳极时，应以优化提升基底/氧化膜层结合稳定性、氧化膜层内部稳定性为出发点，通过设计高结合强度、低化学势差、结合形态稳定的金属/氧化物两相界面，预制成分分布均匀、结构致密的氧化膜层，制备出稳定性满足高氟氯电解体系工业应用要求的新型铅基阳极。基于上述分析，可以预测硫酸体系析氧铅基阳极未来可能的发展方向有：（1）设计三维有序多孔 Pb 或 Pb 合金基底，提高基底与氧化膜层结合强度；（2）构筑梯度氧化物界面，即基底与氧化膜层两相间成分由 Pb-PbO-PbO$_x$-PbO$_2$ 过渡，形成 O 浓度梯度，抑制析氧反应产生的活性氧向基底扩散；（3）实现氧化物颗粒与基底冶金结合，提高氧化物涂层的服役稳定性。

参 考 文 献

[1] Schmachtel S, Pust S E, Kontturi K, et al. New oxygen evolution anodes for metal electrowin-

ning: investigation of local physicochemical processes on composite electrodes with conductive atomic force microscopy and scanning electrochemical microscopy [J]. Journal of Applied Electrochemistry, 2010, 40 (3): 581~592.

[2] Mohammadi F, Tunnicliffe M, Alfantazi A. Corrosion assessment of lead anodes in nickel electrowinning [J]. Journal of The Electrochemical Society, 2011, 158 (12): C450~C460.

[3] El-Sayed A R, Ibrahim E M M, Mohran H S, et al. Effect of indium alloying with lead on the mechanical properties and corrosion resistance of lead-indium alloys in sulfuric acid solution [J]. Metallurgical and Materials Transactions A, 2015, 46 (5): 1995~2006.

[4] 张璋, 陈步明, 郭忠诚, 等. 湿法冶金中新型铅基阳极材料的研究进展 [J]. 材料导报, 2016, 30 (19): 112~118.

[5] Nikoloski A N, Barmi M J. Novel lead-cobalt composite anodes for copper electrowinning [J]. Hydrometallurgy, 2013, 137: 45~52.

[6] Iliev P, Stefanova V, Lucheva B, et al. Purification of zinc containing waelz oxides from chlorine and fluorine [J]. Journal of Chemical Technology and Metallurgy, 2017, 52 (2): 252~257.

[7] Antuñano N, Cambra J F, Arias P L. Fluoride removal from Double Leached Waelz Oxide leach solutions as alternative feeds to Zinc Calcine leaching liquors in the electrolytic zinc production process [J]. Hydrometallurgy, 2016, 161: 65~70.

[8] 尹荣花, 翟爱萍, 李飞. 湿法炼锌氟氯的调查研究与控制 [J]. 中国有色冶金, 2011, 40 (2): 27~29.

[9] Lin X, Peng Z, Yan J, et al. Pyrometallurgical recycling of electric arc furnace dust [J]. Journal of Cleaner Production, 2017, 149: 1079~1100.

[10] 俞娟, 杨洪英, 李林波, 等. 全湿法炼锌系统中氟氯的影响及脱除方法 [J]. 有色金属: 冶炼部分, 2014 (6): 17~21.

[11] Maccagni M G. INDUTEC®/EZINEX® integrate process on secondary zinc-bearing materials [J]. Journal of Sustainable Metallurgy, 2016, 2 (2): 133~140.

[12] Li Z, Jing L I, Zhang L, et al. Response surface optimization of process parameters for removal of F and Cl from zinc oxide fume by microwave roasting [J]. Transactions of nonferrous metals society of China, 2015, 25 (3): 973~980.

[13] Wu X, Liu Z, Liu X. The effects of additives on the electrowinning of zinc from sulphate solutions with high fluoride concentration [J]. Hydrometallurgy, 2014, 141: 31~35.

[14] Zhong X, Yu X, Jiang L, et al. Influence of fluoride ion on the performance of Pb-Ag anode during long-term galvanostatic electrolysis [J]. JOM, 2015, 67 (9): 2022~2027.

[15] 钟晓聪, 王瑞祥, 刘庆生, 等. 氟、氯对 Pb-Ag 阳极氧化膜层和腐蚀行为的影响 [J]. 中国有色金属学报, 2018 (4): 792~801.

[16] Li D G, Wang J D, Chen D R. Effects of Sm and Y on the electron property of the anodic film on lead in sulfuric acid solution [J]. Journal of Power Sources, 2013, 235: 202~213.

[17] Yang H T, Guo Z C, Chen B M, et al. Electrochemical behavior of rolled Pb-0.8% Ag anodes in an acidic zinc sulfate electrolyte solution containing Cl⁻ ions [J]. Hydrometallurgy, 2014, 147: 148~156.

[18] Gonzalez J A, Rodrigues J, Siegmund A. Advances and application of lead alloy anodes for zinc electrowinning [J]. Lead and Zinc, 2005, 2: 1037~1059.

[19] Huang H, Zhou J Y, Chen B M, et al. Polyaniline anode for zinc electrowinning from sulfate electrolytes [J]. Transactions of Nonferrous Metals Society of China, 2010, 20 (5): s288~s292.

[20] Liu H, Liu Y, Zhang C, et al. Electrocatalytic oxidation of nitrophenols in aqueous solution using modified PbO_2 electrodes [J]. Journal of Applied Electrochemistry, 2008, 38 (1): 101~108.

[21] Xu R D, Huang L P, Zhou J F, et al. Effects of tungsten carbide on electrochemical properties and microstructural features of Al/Pb-PANI-WC composite inert anodes used in zinc electrowinning [J]. Hydrometallurgy, 2012, 125: 8~15.

[22] Ma R, Cheng S, Zhang X, et al. Oxygen evolution and corrosion behavior of low-MnO_2-content Pb-MnO_2 composite anodes for metal electrowinning [J]. Hydrometallurgy, 2016, 159: 6~11.

[23] Pavlov D. The lead-acid battery lead dioxide active mass: A gel-crystal system with proton and electron conductivity [J]. Journal of The Electrochemical Society, 1992, 139 (11): 3075~3080.

[24] Wang J R, Wei G L. Kinetics of the transformation process of $PbSO_4$ to PbO_2 in a lead anodic film [J]. Journal of Electroanalytical Chemistry, 1995, 390 (1~2): 29~33.

[25] Monahov B, Pavlov D. Hydrated structures in the anodic layer formed on lead electrodes in H_2SO_4 solution [J]. Journal of Applied Electrochemistry, 1993, 23 (12): 1244~1250.

[26] Pavlov D, Zanova S, Papazov G. Photoelectrochemical properties of the lead electrode during anodic oxidation in sulfuric acid solution [J]. Journal of The Electrochemical Society, 1977, 124 (10): 1522~1528.

[27] Gilroy D. The breakdown of PbO_2-Ti anodes [J]. Journal of Applied Electrochemistry, 1982, 12 (2): 171~183.

[28] Clancy M, Bettles C J, Stuart A, et al. The influence of alloying elements on the electrochemistry of lead anodes for electrowinning of metals: A review [J]. Hydrometallurgy, 2013: 131~144.

[29] 李劼, 钟晓聪, 蒋良兴, 等. 铅合金微观结构对其腐蚀行为的影响 [J]. 功能材料, 2015, 46 (5): 5026~5032.

[30] Stefanov Y, Noncheva Z, Petrova M, et al. Investigation of the processes of obtaining plastic treatment and electrochemical behaviour of lead alloys in their capacity as anodes during the electroextraction of zinc II. Electrochemical formation of phase layers on binary Pb-Ag and Pb-Ca, and ternary Pb-Ag-Ca alloys in a sulphuric-acid electrolyte for zinc electroextraction [J]. Hydrometallurgy, 1996, 40 (3): 319~334.

[31] Petrova M, Noncheva Z, Dobrev T, et al. Investigation of the processes of obtaining plastic treatment and electrochemical behaviour of lead alloys in their capacity as anodes during the electroextraction of zinc I. Behaviour of Pb-Ag, Pb-Ca and Pb-Ag-Ca alloys [J]. Hydrometallurgy, 1996, 40 (3): 293~318.

［32］ Haitao Y, Buming C, Jianhua L, et al. Preparation and properties of Al/Pb-Ag-Co composite anode material for zinc electrowinning ［J］. Rare Metal Materials and Engineering, 2014, 43 （12）: 2889~2892.

［33］ Zhang Y, Chen B, Guo Z. Electrochemical properties and microstructure of Al/Pb-Ag and Al/Pb-Ag-Co anodes for zinc electrowinning ［J］. Acta Metallurgica Sinica （English Letters）, 2014, 27 （2）: 331~337.

［34］ 蒋良兴, 郝科涛, 吕晓军, 等. Al 基体表面熔盐化学法镀 Pb 工艺 ［J］. 中国有色金属学报, 2011, 21 （8）: 216~221.

［35］ Free M, Moats M, Robinson T, et al. Electrometallurgy-Now and in the Future ［J］. Electrometallurgy, 2012: 3~28.

［36］ Ramachandran P, Naganathan K, Balakrishnan K, et al. Effect of pretreatment on the anodic behaviour of lead alloys for use in electrowinning operations Ⅰ ［J］. Journal of Applied Electrochemistry, 1980, 10 （5）: 623~626.

［37］ Ramachandran P, Venkateswaran K V, Nandakumar V. Activated lead electrode for electrowinning of metals ［J］. Bulletin of Electrochemistry, 1996, 12 （5）: 346~348.

［38］ Prengaman R D, Siegmund A. New wrought Pb-Ag-Ca anodes for zinc electrowinning to produce a protective oxide coating rapidly ［C］//Lead-Zinc 2000 Symposium as Held at USA. 2000: 589~596.

［39］ Roy P, Berger S, Schmuki P. TiO$_2$ nanotubes: synthesis and applications ［J］. Angewandte Chemie International Edition, 2011, 50 （13）: 2904~2939.

［40］ Cerro-Lopez M, Meas-Vong Y, Méndez-Rojas M A, et al. Formation and growth of PbO$_2$ inside TiO$_2$ nanotubes for environmental applications ［J］. Applied Catalysis B: Environmental, 2014, 144: 174~181.

［41］ Zhang W, Lin H, Kong H, et al. High energy density PbO$_2$/activated carbon asymmetric electrochemical capacitor based on lead dioxide electrode with three-dimensional porous titanium substrate ［J］. International Journal of Hydrogen Energy, 2014, 39 （30）: 17153~17161.

［42］ Monahov B, Pavlov D. Hydrated structures in the anodic layer formed on lead electrodes in H$_2$SO$_4$ solution ［J］. Journal of Applied Electrochemistry, 1993, 23 （12）: 1244~1250.

［43］ Cao J, Zhao H, Cao F, et al. The influence of F$^-$ doping on the activity of PbO$_2$ film electrodes in oxygen evolution reaction ［J］. Electrochimica Acta, 2007, 52 （28）: 7870~7876.

［44］ Li Y, Jiang L, Li J, et al. Novel phosphorus-doped lead oxide electrode for oxygen evolution reaction ［J］. RSC Advances, 2014, 4 （11）: 5339~5342.

［45］ Prengaman R D. Challenges from corrosion-resistant grid alloys in lead acid battery manufacturing ［J］. Journal of power sources, 2001, 95 （1~2）: 224~233.

［46］ Alamdari E K, Darvishi D, Khoshkhoo M S, et al. On the way to develop co-containing lead anodes for zinc electrowinning ［J］. Hydrometallurgy, 2012, 119: 77~86.

［47］ Nikoloski A N, Nicol M J. Addition of cobalt to lead anodes used for oxygen evolution——a literature review ［J］. Mineral Processing and Extractive Metallurgy Review, 2009, 31 （1）: 30~57.

［48］ Zhong X C, Gui J F, Yu X Y, et al. Influence of alloying element Nd on the electrochemical behavior of Pb-Ag anode in H_2SO_4 solution ［J］. Acta Physico-Chimica Sinica, 2014, 30 （3）: 492~499.

［49］ McGinnity J J, Nicol M J. The role of silver in enhancing the electrochemical activity of lead and lead-silver alloy anodes ［J］. Hydrometallurgy, 2014, 144: 133~139.

［50］ Liu H T, Yang J, Liang H H, et al. Effect of cerium on the anodic corrosion of Pb-Ca-Sn alloy in sulfuric acid solution ［J］. Journal of Power Sources, 2001, 93 （1~2）: 230~233.

［51］ Yu P, O'Keefe T J. Evaluation of lead anode reactions in acid sulfate electrolytes Ⅱ. Manganese reactions ［J］. Journal of the Electrochemical Society, 2002, 149 （5）: A558~A569.

［52］ Zhong X, Wang R, Xu Z, et al. Influence of Mn^{2+} on the performance of Pb-Ag anodes in fluoride/chloride-containing H_2SO_4 solutions ［J］. Hydrometallurgy, 2017, 174: 195~201.

［53］ Mohammadi M, Alfantazi A. The performance of $Pb-MnO_2$ and Pb-Ag anodes in 2 Mn(Ⅱ)-containing sulphuric acid electrolyte solutions ［J］. Hydrometallurgy, 2015, 153: 134~144.

［54］ Mohammadi M, Alfantazi A. Evaluation of manganese dioxide deposition on lead-based electrowinning anodes ［J］. Hydrometallurgy, 2016, 159: 28~39.

［55］ Lai Y, Li Y, Jiang L, et al. Electrochemical behaviors of co-deposited $Pb/Pb-MnO_2$ composite anode in sulfuric acid solution-Tafel and EIS investigations ［J］. Journal of Electroanalytical Chemistry, 2012, 671: 16~23.